超越
美利坚

路易斯和克拉克领导的早期西部探险

BEYOND AMERICA

　　探险者的足迹超越了当时的美国西部疆界落基山脉的冰峰雪岭，引领了美利坚自我超越的西进开发大潮，杰弗逊总统梦想成真。

段牧云◎著

人民出版社

一 追根溯源

1806年9月23日，在北美中西部密西西比河畔的圣路易斯，人们争先恐后冲向河边，欢腾的人群聚集在河岸上，鸣枪庆祝，欢迎从遥远的太平洋岸探险归来的勇士们。

他们就是美国第三任总统杰弗逊派出的西部探险队，领队是两个生死与共、能力非凡的青年——路易斯和克拉克。这支队伍由三十来人组成，绝大多数都是未婚的壮实小伙子，有股子不怕死、不达目的誓不休的劲头。这次探险历时两年零四个月，来回行程约八千英里，也就是大约一万三千公里路。在当时的条件下，他们一旦进入茫茫荒原就音讯全无。两年多以后，东部的人们都以为这支队伍出了事，可能是死在荒原上了，或是被西班牙军队抓走，送到拉丁美洲的

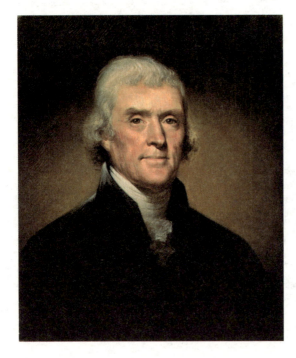

西部探险的发起人和组织者杰弗逊总统

矿井里做苦工去了。所以当他们忽然返回，出现在人们面前时，真是喜从天降，举国欢庆。更不用说对于他们的家人，对于这次探险的策划者和组织者杰弗逊总统，这是何等震撼人心的喜讯。他们终于活着回来了！而且带回了千百万人翘首以待的，对美国未来发展至关重要的西部信息。

这里讲的是一个感动美国二百年的真实的故事。

人们都知道美国幅员辽阔，东起大西洋，西至太平洋，是个高度现代化的国家。对于不熟悉美国历史的人来说，到美国西部去探险，从何说起？

实际上北美现代文明开始是很晚的，1607年英国人在北美东部沿海建立了第一个殖民点，当时在北美广袤的土地上零零散散居住着一些原始的印第安部落，他们是北美大陆最初的，真正的主人，世世代代在这里生息，大约有一两万年了。他们对于这些远道而来的陌生人，有友善的一面，也有疑惧不安、无可奈何的一面。当然，他们无法预料白人的到来意味着他们的命运

将发生何等巨大的转变。

不管主人印第安人怎么想，欧洲移民从那个小小的殖民点开始，历尽千辛万苦，一步步建立扩大自己的家园，同时不断有新移民漂洋过海来到新大陆，经过一百多年的开发建设，北美东部沿海地区的经济发展起来，殖民地与英国宗主国之间的矛盾逐渐激化，至1776年北美殖民地宣告独立，经过艰苦的战争才摆脱英国的殖民统治，成为独立的美国。独立战争中涌现出一批高瞻远瞩、气度非凡的领导人，杰弗逊就是开国元勋中最杰出的人物之一，是《独立宣言》的起草人，他热切地关注着年轻共和国的未来，关注着北美西部的辽阔土地。

1801年杰弗逊当选美国总统，那时候美国是什么情况呢？人口一共五百三十多万，其中三分之二居住在东部大西洋沿海五十英里（八十公里）之内，只有四条向西翻越沿海山脉阿巴拉契亚山脉的通道。美国西部的疆界是密西西比河东岸，距离今天的疆界太平洋岸有几千里之遥，大约为今日东西疆界距离的三分之一，很少有人到过密西西比河以西，更不用说沿密苏里河再往西去了。当时跑得最快的是马，交通工具是马车和木船。即便是在东部，许多河上没有桥，河上航行多险阻，许多地方道路不通，路况恶劣，一句话：行路难。

在杰弗逊的图书馆里虽然有着比世界上任何地方更多的有关西部的藏书，不过那些书里对西部的描述实在很离谱，说西部漫游着长满长毛的巨大的史前动物猛犸，生活着蓝眼金发，说威尔士语的印第安人，据说是早年到达北美的威尔士王子的后裔。还说西部有喷发的火山，有一道长180英里，宽45英里的纯盐山脉，等等等等，不一而足。

到底北美大陆西部是怎么回事，杰弗逊多年来就想组织探险队去看个究竟，但是这件事真做起来却是一波三折，困难重重。

第一次探险尝试是独立战争结束后不久，杰弗逊写信给著名将领乔治·克拉克将军，也就是后来西部探险队的领队之一，威廉·克拉克的哥哥，信上说有些英国资本家已经大量拨款，要勘探从密西西比河到加利福尼亚的土地，其实不过是去收集了解情况，但杰弗逊担心他们是想去那里殖民，他希望克拉克将军带一支队伍前去探险。克拉克将军复信说，派一支队伍恐怕行不通，那会惊动西部的印第安人，他认为可以派三四个合适的年轻人做这件事。他自己则因为家里的事务脱不开身，很遗憾不能前往，这件事就这样搁下了。

两年后，1785年杰弗逊出使法国，了解到路易十六要派探险队去太平洋西北沿岸，法国政府声称探险的目的全在科学考察，但杰弗逊立即觉得不对，他担心法国人打算在北美建立殖民地。美国的海军将领琼斯也报告说他们此行的目的在于为法国的皮货贸易开路，并在西北海岸殖民。1786年夏天，杰弗逊遇到激进活跃的美国人莱德亚德，此人早年曾跟随著名的库克船长踏上北美大陆太平洋西北海岸，他声称可以从莫斯科出发，到西伯利亚最东部，乘俄罗斯皮货贸易船越过白令海峡到达北美，然后从陆路穿越北美北部大陆，到达北美西部太平洋沿海。莱德亚德说他只要带两条狗和一把斧子就够了。结果他还真的大胆上路，但是到了西伯利亚就被凯瑟琳女皇派人逮捕，递解到波兰。

1793年杰弗逊又一次提出集资搞一次西部探险，美国的一些知名人士纷纷出资赞助，当时杰弗逊邻人的儿子，年仅十八岁的麦理卫瑟·路易斯主动请缨担当这一工作，但杰弗逊考虑到他太年轻，缺乏经验，而选择了一位训练有素的法国科学家米肖前往，去考察西部的地理、动植物、矿产及土著居民等等。而第一宗旨是要找到连接美国和太平洋的最短、最方便的道路。出人意料的是这位法国人竟然是个密探，当他到达肯塔基时杰弗逊发现他的主要目标是在西部召集武装，袭击西班牙在密西西比河以西的领土。在美国政府的要求下，法国政府将此人召回。

很显然，搞这样的探险需要有财力支持，要有极为得力并值得信任的人选，做好培训和物质准备，绝非易事。杰弗逊不是轻言放弃的人，他在

初试深浅以后，将这一计划藏于心底，深谋远虑，等待时机。

1801年杰弗逊入主白宫。当时的美国政府机构简单得令人难以置信，就这样杰弗逊还千方百计削减开支，他自己出钱雇了一名总统秘书，大事小事全交给他协助办理。这个人就是他的那位热衷于探险的邻居，青年军官，当时年仅26岁的麦理卫瑟·路易斯上尉，后来的西部探险队队长。杰弗逊锐意精兵简政，但他不熟悉军队，而路易斯从军多年，对各级军官的

起草《独立宣言》的杰弗逊
与其他领导人商讨修订文件

杰弗逊等人向大陆会议提交
《独立宣言》

情况很了解，出于对路易斯的极大信任杰弗逊将裁军大事交给了他。尽管当时党争激烈，杰弗逊是民主共和党的领军人物，路易斯是杰弗逊的热情追随者，而军官中联邦党人占绝对多数。可是在裁军问题上，路易斯尽力按人品能力，而不按党争秉公办事，提交军官的去留名单，显示出少见的城府和办事能力。

此外，路易斯还安排处理各种白宫的日常事务。他与杰弗逊朝夕相处，两个人住在白宫里，实在有点大而无当，用杰弗逊的话说"就像住在教堂里的两只耗子"。在杰弗逊身边，路易斯大开眼界，每天晚上，白宫的餐桌上常有政界要人，诗人、画家、科学家、旅行家、著名记者……杰弗逊学识渊博，视野开阔，永远妙语连珠，使谈话极富生趣，充满了探索的热情和丰富的哲理。在杰弗逊的图书馆里，路易斯涉猎了十分广泛的领域。在日常工作中，他不断地写东西，使写作能力有了长足的进步。他成为白宫内圈的内圈，对总统的雄心和秘密有着别人不可能有的了解和理解，杰弗逊要探察认识西部的深切愿望也在他心里生了根。

1803年初，杰弗逊终于向国会参众两院发出密件，提出要派遣西部探险队："……据说密苏里河流域居住着许多印第安部落，他们提供大量的皮货。如果委派一个有知识、机智的军官和十二个挑选出来的人便可以勘探这条路线，甚至到达太平洋西海岸……所需费用为二千五百美元。"（后来实际费用为38722美元）

这份密件得到国会支持，杰弗逊多年的愿望得以付诸实施。

密件里提到的仅仅是皮货贸易，似乎有些不着边际。因为美国建国初期百端待立，百废待举，外部欧洲战火蔓延，海战不断，美国有不少对欧洲的远洋贸易，也常常被卷入纠纷，不得安宁。内部亦是矛盾重重，美国政府穷得捉襟见肘。在这种情况下，要花钱费力去搞西部探险，而能够得到国会的批准，大约不是仅仅为了所谓的"皮货贸易"。当时密西西比河以西根本不属于美国,所以杰弗逊发的是密件,说话也颇为含蓄,那么到底潜台词是什么呢?

　　首先,美国朝野上下都对西部似乎无穷无尽的土地资源深感兴趣。追溯到早年,最初来北美殖民的人中,不少是来寻找金银矿藏的,梦想着像西班牙人在拉丁美洲那样大发其财,结果金矿没找到,却发现比金矿含金量大得多的富源:土地资源。许许多多人靠着买卖土地,出售农产品发了大财。南部使用黑人奴隶粗放耕作,种植烟草、棉花等作物,非常耗费土壤肥力,地力迅速耗竭后就换一块土地,似乎有多少地都嫌不够。在美国开国之父中就不乏大地产主,其中第一任总统华盛顿早在十六岁时就去当时的西部边疆做土地测量员,一面也为自己购买土地。他出身于一个极普通的农家,临终时拥有巨大的庄园,散落在美国各地的八万英亩土地。杰弗逊等美国上层人士亦广有地产,后来的两位西部探险队领队,路易斯和克拉克的家族也都是颇有田产的庄园主,还都在不断开拓新的土地,他们

1793年麦肯锡从加拿大经陆路到达太平洋西北海岸,在岩石上留言

两个人都在当时的西部（随着西部边疆的推移，不久那里就成了东部）垦殖生活中长大。西部土地像巨大的磁石，吸引着千千万万的美国人。

其次，在杰弗逊的心目中，未来的美国将是跨越整个大陆，连接两大洋的大国。他在第一次就职演说中就明明白白地讲："……在遥远的未来，人口的急剧增殖将突破这种局限性，美国的扩展将使整个大陆成为使用同样语言，有着同样政府机构，运行同样法律的大陆。"应该说独立之初的美国虽然弱小，但美国人却为自己创立的三权分立的国家体制、民主选举的政府机构而非常自豪。杰弗逊在《独立宣言》中提出的：人是生而平等的，天赋人权，人人都有生命的权利，追求自由和幸福的权利……等等思想深入人心，美国人认为自己是实实在在地在这片土地上开拓垦殖的人，是这片土地的真正主人，所以在他们看来，向西拓殖边疆，推进他们的社会制度也就顺理成章。

其三，西部归谁所有直接关系到美国的利益和安全。对于经历了艰苦的独立战争，终于摆脱了大英帝国统治的美国人来说，当然绝对不愿与虎狼为邻。杰弗逊和路易斯的家乡，弗吉尼亚的阿尔伯马尔郡曾在1781年遭到英军的焚烧洗劫，地里的玉米、烟草被毁掉，装满玉米和烟草的仓库被焚烧，猪、牛、羊被抢走，所有能干活的马被拉走，不能干活的小马被切断喉咙，还押走了黑人奴隶，留下一片废墟……这一切都还记忆犹新。杰弗逊多年来都在警惕地注视着欧洲各国在北美的一举一动。

说来话长，北美大陆的考察和勘探可以追溯到更早的年代。

早在16世纪西班牙和英国的探险航船就曾到达北美西部太平洋海岸。1778年英国著名航海家库克船长到达了今天美国西北的俄勒冈一带的海域，但没有发现哥伦比亚河的河口。其后，1792年5月11日美国船长格雷驾驶哥伦比亚号船进入西部大河，并以他的船名命名了哥伦比亚河，他得到了河口的经纬度，由于他的数据与库克船长早年的数据相符，杰弗逊才大体知道北美大陆东西大约为三千英里。

就在同一时间英国船长温哥华也到达那一带，他与格雷船长相遇，听格雷谈起哥伦比亚河，同年十月他也来到哥伦比亚河口，并派一艘可以驶入河道的小船深入一百英里，到达今天俄勒冈、波特兰市一带。毕竟他晚了一步，只是由于美国船长格雷先一步进入河口，就使得美国得以宣称对俄勒冈地区的主权，这就是当时的逻辑，无怪杰弗逊为那些所谓"考察"感到那么不安。

1793年发生的一件事促使杰弗逊总统下了决心。那一年，有一位大胆的苏格兰皮货商人从北部加拿大攀悬崖，过激流，历尽艰险，跨越东西分水岭到达西北太平洋海岸，在一块岩石上写下了："阿里克冉德·麦肯锡从加拿大经陆路到此。1793年7月22日"，他成为第一个从陆路到达太平洋的白人，比路易斯一行早了十二年。尽管这条路过于艰险，没有可能成为一条商道，但却从理论上奠定了英国对大西北地区的主权。麦肯锡在岩石上的留字成了一个公开挑战，如果美国人不去探险，可能会把整个西部地区丢给英国人。

1801年麦肯锡在伦敦出版了一本书，他在最后的回顾中，敦促英国政府开发一条通往太平洋的陆路通道，打开和亚洲的商路，这样全部北美的皮货贸易都在掌握之中，还有捕鱼业及其他全球性贸易市场。虽然这只是一个商人颇有眼光的宏论，在英国倒不见得有多少人太拿它当一回事，可是对杰弗逊总统却震动极大。特别是当时盛行一种说法，认为在遥远的西部，北美大陆分水岭的什么地方，有一条不为人知的所谓"西北通道"，经过某些水陆联运，可以不太费力地穿越大山。不管哪个国家，只要发现掌握了这条通道，就将控制北美大陆。美国当然不能坐视不问，派出自己的探险队刻不容缓，势在必行。

总之，这次西部探险考察有着多重意义，事情由来已久，关系重大。

二 出色的领队人选

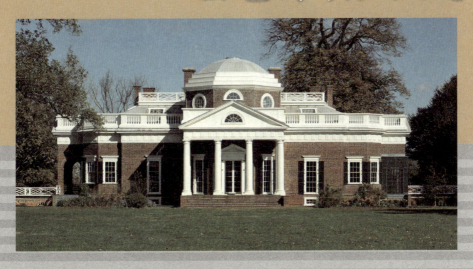

　　议案通过算是迈出了一大步，接下来是探险队领队人选问题。关键是要选定一个大智大勇、一身豪气的队长，要有在荒野里生存奋斗的丰富经验，也要有多方面的深厚知识文化，这样的人实在是可遇而不可求。好在杰弗逊成竹在胸，他不与任何人商量，也不听任何人劝告，一锤定音选择了他的秘书麦理卫瑟·路易斯。杰弗逊交游广阔，认识人很多，为什么他会把这项自己酝酿多年的、事关重大的项目毫不犹豫地交给路易斯呢？

　　杰弗逊是看着路易斯长大的，他长路易斯31

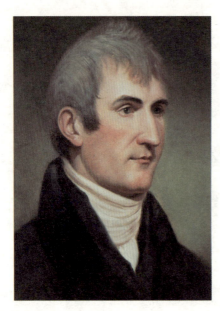

路易斯

岁，两家的庄园相距不远，杰弗逊对路易斯的家庭身世也了如指掌，可谓知根知底。

第一代移民北美的罗伯特·路易斯是从英国王室获得大片北美土地的威尔士军官，他的家族是弗吉尼亚最早、最显赫的家族之一。路易斯的母亲那一脉也是早期就移民北美的很有根底的人家，这两个家族是几代的姻亲。麦理卫瑟·路易斯生于1774年8月18日，正值独立革命前夕，山雨欲来风满楼。不久以后，他的父亲告别了年轻的妻子和两个幼小的孩子投身革命军。像许多当年的弗吉尼亚庄园主一样，他不要薪俸，想的就是奉献。1779年冬，路易斯的父亲在家里休了一个短假之后，策马踏上归程。途中经过一条河，遇到突发的洪水，马被冲走，他游上了岸，浑身透湿，在严寒中走回家，染上肺炎，两天后重病身亡。那年小路易斯才5岁，几乎不认识自己的父亲。但他生长在一个充满爱国热情的家庭里，深受影响。

路易斯的母亲露西是个秀丽善良的妇女，而且非常能干，信仰、信念都很坚定，颇受人们的爱戴。她两度丧夫，自己活到86岁，确实是里里外外一把手。她不仅做得一手好菜，还对各种作物、草药有广泛的知识，常常给家里人、邻里和奴隶们治病。小路易斯跟着母亲学到了许多有关草药、农作物的知识。虽然他早早就离开了母亲，但对母亲的热爱保持终生。

路易斯八九岁时跟随继父和乡亲们的大篷车队踏上了去边疆拓荒的道路。这孩子从小就大胆机灵，果断镇定。家里流传着这样的故事，有一次他和小伙伴们打猎归来，突然一头凶猛的公牛向他冲来，孩子们都吓呆了，只见路易斯迅速地举枪瞄准，枪响处，公牛应声倒下。

还有一次，边民们的定居点受到印第安人的袭击，他们寡不敌众，躲进树林，不知哪个不晓事的家伙居然在林子里点起火来做饭，被印第安人看见开了枪。一时间妇女孩子惊叫，男子们冲去拿枪，在一片混乱之中，路易斯镇定地拎起一桶水浇灭了篝火。小小年纪，他已经知道怎么在荒野中求生存。他带着狗在冰雪中追逐猎物，射击、骑马样样在行。

长到十三岁，路易斯需要接受正规教育。当时尚无公立学校，他被送到一位老师那里寄读，一直学习到十八岁。像其他的庄园子弟一样，他们当年多是受这样的教育，学些英文、数学、地理、历史、植物学等自然科学，也学一点拉丁文、莎士比亚的作品。路易斯喜欢阅读探险故事，他的数学、植物学、自然科学史基础不错，写作也不错，虽然有错误，但文字有力，活泼流畅。

1791年他的继父去世，家里的庄园需要他去接手经营。这样，他中断了学业，没有机会进大学深造，于第二年返回家中，从此自立，开始了一个年轻庄园主的生活。他善于经营，考虑周全，是个能干的庄园主。但是另一方面，庄园的天地对于这个充满青春活力和理想抱负的青年又过于狭小，他渴望着去更广阔的天地里经风雨，见世面。

1794年美国西部边民发动了威士忌酒叛乱，他们对东部政府只管征收酒税，而不管修路架桥，以及保护边民不受印第安人袭击的情况表示了强烈的不满。华盛顿总统感到年轻的共和国受到分裂的威胁，开始召集民兵。路易斯满腔热情应征入伍。动乱很快就平息了，几乎未动干戈。但路易斯没有复员回家，而是转入正规军。

克拉克

当时部队里的青年军官不少是庄园子弟，很多是独立战争中军官的子弟，在政治上各持己见。特别是在对法国大革命的态度上更是营垒分明，多数人追随汉密尔顿，反对法国大革命，而路易斯则追随杰弗逊，热情支持法国大革命。支持到在写给母亲的信封上都用：公民露西·马科斯收。他年轻气盛，一次酒后与其他军官发生纷争，闹到几乎要决斗的程度，被告上军事法庭，结果是宣判无罪，不了了之。很快这个二十一岁的小伙子就被调到威廉·克拉克领导下的长枪队，这个克拉克就是后来和路易斯共同领导西进探险队的人。谁也没想到，这个小小的插曲竟成为美国历史上一段最著名的友谊的开篇。

威廉·克拉克，1770年8月1日生于弗吉尼亚，长路易斯四岁。他少年时就随家里人去肯塔基边疆开拓垦殖，家里有十个孩子，他排行老九，他的五个哥哥都参加了独立战争，其中二哥，著名将领乔治·克拉克是杰弗逊的密友。前面提到过，独立战争后杰弗逊曾请他组织去西部探险而未果，西部探险在他们家里不是一个陌生的话题。威廉·克拉克没有受过正规教育，只是在家里学了点文化。他为人非常豁达开朗，很合群，也很聪明，有极强的实际工作能力和野外生活本领。在当时的边疆生活里，与印第安人的摩擦不断（这是一个事实，这里姑且不论孰是孰非），从青年时期起他就多次参加了对印第安人的战斗，对印第安人很了解，善于与印第安人谈判。人称他"像凯撒一样勇敢"，是个有胆有识的人。

克拉克于1796年由于健康原因和家中的事务而退役，和路易斯共同从军的日子大约不过六个月。虽然对他们两人这段时间共事的情况并无记载，但后来的事实证明，在这短短几个月的相处中，他们之间结下了极为深厚的友谊。

往后四年，路易斯在部队干得很不错，得到提拔，成为军需官。当时部队驻地分散，交通极为不便，这是个很不容易干的工作。他的足迹踏遍当时边疆的山山水水，在崎岖的山路上攀登，在激流险滩上驾船，也有迷路挨饿的时候，风吹雨打，暑往寒来，他以自己的精细准确、忠于职守而获得赞誉。几年下来，他近距离接触了许许多多各级军官，这就是杰弗逊后来对他委以裁军重任的基础。

1801年2月23日，杰弗逊总统在就职前向路易斯发出了一封信，这封信预示着他生活道路上的重大转折。杰弗逊请他进入白宫担任总统秘书，同时将保持原军衔和晋升的权利。对于一个初出茅庐的年轻人，这实在是一个千载难逢的好机会。路易斯接信后兴奋不已，立刻踏上去首都华盛顿的道路，就这样一步跨入美国的总统官邸白宫。

杰弗逊心中一直深藏着派人去西部考察的热望，所以尽心尽力培养年轻的路易斯。在白宫里，为了今后科学考察的需要，知识领域十分宽广的大学者杰弗逊给予路易斯相当于大学教育的直接指导，他给路易斯讲解生物学、天文学，教他使用经纬仪、六分仪，也讲人类学、矿物学、北美地理……同时路易斯也一直在倾听来到白宫的学者、专家讨论各种题目：最新的航行仪器、印第安事务、鸟类、动物、植物以及地理，对西部的设想，等等。路易斯年轻，精力充沛，求知若渴，学习能力强，他明白自己在教育上的不足，在杰弗逊的图书馆里尽一切努力补课。

尽管杰弗逊很了解路易斯家族几代人中蔓延着抑郁病史，在白宫里路易斯也有情绪不稳定的表现。有人对派路易斯担任探险队长有异议，他们认为路易斯没有受过高等教育，太固执，也太冒险，难以承担这样一个对国家有着深远影响的重任。但杰弗逊不为所动，他后来做了这样的解释："不可能找到那么一个十全十美的人，在植物学、自然科学、矿物学和天文学方面多有造诣，同时又体魄健壮，性格坚强，精明谨慎，而且熟知野外生活，印第安人的习惯、特点，来胜任这项工作。路易斯上尉具有后面的所有特点。"一句话，这

个领队当然需要科学知识和良好的教育，但首先是这一队人要能活着回来。这个带队人得有超凡的领导才干，队员们才会出生入死跟着他，得要了解印第安人，否则很难不被消灭。更何况，早在十年前，十八岁的路易斯就曾主动请缨担当这项异常艰险的任务，其诚可感。他的无畏献身精神，办事能力，他的课堂里学不来的宝贵经历，他在白宫里对科学知识的勤奋学习，杰弗逊心知肚明，这样的人上哪儿去找？就是他了！

杰弗逊总统故居，路易斯家的庄园离此不远

自1803年1月路易斯开始了紧张的探险准备工作，这一次不同于以往，探险活动受到美国国会的支持资助，而且是总统心目中的重大项目之一，路易斯得到方方面面的支持。

从新年开始到3月15日，路易斯依然住在白宫，杰弗逊只要腾得出时间就和他一起讨论。在白宫的草地上练习使用六分仪和其他测量仪器。地图收藏家盖勒廷向他提供了从密西西比河到太平洋的地图。实际上从密西西比到密苏里河上的曼丹村落，由于英国皮货商在那一带的活动，已有较详尽的地图。但是从曼丹村落西去太平洋绵延数千里，有无数高山深谷，激流险滩，从来没有白人踏上过那片广袤的土地，当然不可能有什么真正的地图了。只有三个确定了经纬度的地点：中西部的圣路易斯、曼丹村和奔向太平洋的大河哥伦比亚河的河口，这就是路易斯能得到的全部信息。

总统和路易斯一直在讨论的另一桩事就是采购，带多少东西，带什么，怎么带。再有，到底去多少人最为合适。可是既然去路不知几多，去日不知几何，路上会遇到什么谁也搞不清楚，这个采购任务也就格外不容易。一旦离开文明世界一切供应就都没有了，如果带太多的东西上路当然十分困难，可是带少了也将十分困难。他们讨论得很细，两个人都同意要做一个可以拆卸的、很轻便的铁船架，预备随船带到河尽头，藏起来，回程时包上兽皮之类做成船使用。他们不断地讨论各种问题，有时到深夜。

杰弗逊还操心着路易斯的科学培训，此事只能采取短期强化培训的办法。杰弗逊一生热爱科学，与美国当时最杰出的科学家、医学家相熟。他亲自写信给他们，要求他们给路易斯以指导。美国政府实在很穷，杰弗逊的意思很明白：请给予免费指导。当然学术界的友人都十分热情，非常乐于相助。

3月15日以后路易斯离开华盛顿，开始了在东部几个城镇的采购和学习生活。他首先带着作战部长迪尔伯恩的亲笔信去军械库所在地哈波斯码头，信中要求军械库的负责人通力协作，尽快办好路易斯要求的一切。路易斯在那里挑到各种类型的，最先进的枪支，还有斧子、鱼叉、刀子等等。时间紧迫，他和杰弗逊都希望赶紧上路，因为到了冬天河面封冻，就只能停下来冬营，所以暖和的日子很宝贵。但是为了督造那个铁船架，路易斯原计划在哈波斯耽搁一周的时间变成了一个月。因为在今后的日子里，船实在是太重要了，所以他天天都盯在船场，帮助工人理解他的设计。最后他很得意地告诉杰弗逊，这个船架子造好后只有四十四磅重。可惜，后来的实践证明，包上兽皮的船架还会漏水进水，白白浪费了宝贵的时间和精力。

直到四月中旬路易斯才得以往东部其他城市走，4月19日他到达兰卡斯特镇，直奔天文学家兼数学家埃里考特家，在他的指导下购买测量仪器设备，并学习使用设备。忙到5月7日才结束培训赶往东部的重要城市和学术中心——费城。

在费城，天文学家帕特逊协助他选购了天文钟。路易斯大量采购，买了弹药、渔具、药品、蚊帐、钳子、锯、磨刀石、固体汤料、烟草、衬衣、毛外套、布匹、火石、打火钢钎、针线、盐、油布、折叠桌、蜡烛，还有墨水粉和纸笔等等。为了今后与沿路的印第安人交换，他还买了各色玻璃珠子一大堆、小剪子、小镜子、梳子、丝带、手绢、铜壶、印第安战斧……路易斯虽然不知多少东西

费城的美国独立官，探险队员们正是在独立革命前后的激情岁月中长大成人的

算是够用（实际上后来很多东西都早早用光），但的确有两样东西他带得富富有余，足够再走一趟，一样是枪支弹药，另一样是纸笔墨水。对于在荒野中求生存的人，有枪就能打到猎物，就不至于饿死，有纸笔就可以记下各种考察到的信息，路易斯很明智。

另外，费城的名医拉什给他讲解医学和护理，那时医病有两大方法：泻药和放血，认为那是解毒的好办法。路易斯在医生的指导下买了不少药。他从小跟母亲学了不少草药知识，又多年在荒野中闯荡，知道怎么对付拉肚子、咽炎之类的病，也会接断骨，把箭头从肉中取出。他原来曾想过是否带一名医生，这会儿决心自己来充当这一角色。

再一项重头课是跟宾州大学的巴顿教授学习怎么制作动植物标本，填写正确的标签，这个本事太重要了，探险队用了一路。他还下死工夫记下了大约两百个有关的技术词汇。最后，路易斯去见解剖学专家，还跑图书馆去借有关生物、矿物、天文等等方面的书。他用军队的费用订了五匹马，把买到的3500磅供应品从费城往西运到下一个重镇匹兹堡。同时为了征求专家学者的意见建议，杰弗逊要求他把探险考察项目的草案在费城转发传阅。除了工作，年轻的路易斯还和好友一道参加费城的各种高层社交聚会，忙得不亦乐乎。六月中旬路易斯结束了在费城的紧张培训，返回华盛顿，向杰弗逊辞行。

杰弗逊在华盛顿已经把考察项目草案送内阁传阅，广泛征求意见建议。外交部长对探险队进入当时尚由西班牙主持行政事务的法国领土有所顾虑，担心被看做是军事侦察，甚至入侵行为。大法官林肯提出要把向印第安人传教作为一个目标，以争取政界更多的支持。杰弗逊心领神会，指示路易斯考察印第安人的宗教信仰活动。林肯倒是不担心路易斯会在艰险面前畏缩，而是怕他来了南部庄园主的绅士风度，为了勇敢和荣誉，在面对巨大的挑战时会做无谓的冒险和拼搏。杰弗逊接受了这一点，明确指示路易斯，如果面临大敌，要下决心结束探险，人在信息在，就算是少一些也胜于无，不要做无谓的冒险。财政部长想要知道西班牙人和英国人的站点和贸易活动，希望尽可能了解有关密苏里河流域的一切信息。

这次探险考察的项目是集美国学界政界意见建议之大成，实在是太多太重，太难完成了。杰弗逊的第一宗旨是要找到通往太平洋的所谓西北通道，然后是商业考察，了解英国人在西部的贸易活动，绘制地图，接下去是一切有关农业发展的信息，土壤、林木、动植物、降雨量、气温，等等，再有矿产资源等等。他特别强调要与印第安人交好，要了解他们。

杰弗逊还想到路易斯一行到了太平洋岸可能会一无所有，为此开了一个没有钱数限额的空白信用证，对于为探险队提供物品帮助的人，以总统的名义担保还钱，这样的事实属罕见。

还在返回华盛顿之前，路易斯就反复考虑着另一件大事，他需要一个有铁肩膀的人来分担这份太重的任务，他心目中人选已定，此事在回到华盛顿一天之内就得到杰弗逊的批准。6月19日他提笔写信给挚友威廉·克拉克，这封信被称为国家档案里最著名的邀请函之一。

路易斯热情洋溢地写道："我的朋友……如果说有什么会吸引你加入这一艰辛、危险、而又光荣的事业，请相信我，那就是在这个世界上，除了你之外，没有任何一个人会让我如此乐于分担这一重任。"在这封信里，路易斯讲了探险的缘起，国会的批准，以及他都做了哪些准备，并请克拉克帮助留意探险队的队员人选，要优秀的猎手，健康结实的未婚男子，适应荒野生活，能承受极度的体力消耗。路易斯在信尾提出，如果克拉克因为什么原因而不能加入，哪怕能和他一起在密西西比河上走一程，他都会非常高兴。克拉克善于带兵，驾船技术娴熟，很有绘图天分，这些方面比路易斯强，若有他相助，路易斯如虎添翼。路易斯提出将与克拉克成为平级领导，也就是说这支队伍将由两个上尉来领导，这在部队里绝对是禁忌，也被认为是根本行不通的。但出于对克拉克的极大信任和了解，路易斯不管那一套，就这么办了。信发出去了，最快大约要一个月零十天才能接到回信，路易斯殷切地等待着。

7月2日路易斯给母亲写信话别，请母亲原谅自己不能回家探望，他估计此行要一年半时间，一再宽慰母亲说这一路并不危险，自己非常健康，沿途印第安人都十分友好等等。告诉母亲"杰弗逊先生选择我来承担这项对国家十分重要的任务是一种荣誉。"他希望母亲一定要让他同母异父的弟弟约翰进大学受教育，就算是出售土地证去付学费也在所不惜，并向亲人们一一问好……字里行间洋溢着一片亲情。

路易斯箭在弦上，他要用事实来回答总统的信任和选择。

三 美国领土一夜翻番

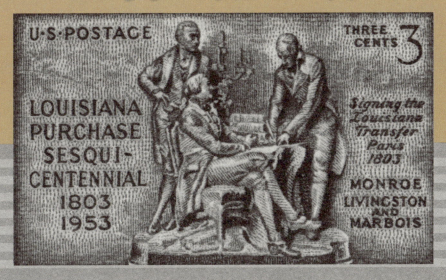

1803 年7月4日是美国独立节，也是路易斯离开华盛顿的前一天，一个重大的、震撼全美的消息从欧洲传来，法国将密西西比河以西直至落基山脉的广袤土地——路易斯安纳地区，以极便宜的价钱卖给了美国，这一消息一下子改变了这次探险的性质，从一个半保密的、到别国的土地上去收集情报信息的活动，变成了公开的、对自己新国土的考察。

1803年4月30日，美法双方签署了一项协议，使美国的领土在一夜之间增加了一倍，西部疆界又往前推进了大约现今版图的三分之一。美国以3美分1英亩的价格从法国手里买下了路易斯安纳的辽阔土地，近5亿3千万英亩，合214

万平方公里，售价为1500万美元。美国的疆界由原来的密西西比河东岸，向西推进到远西部落基山脉，北起加拿大边境，南至墨西哥湾。美国参议院于1803年10月20日以24票对7票批准此案。

这是美国历史上也是世界历史上闻所未闻的一次巨大的土地交易，有着非常复杂深刻的背景渊源。实际上，从多年来时时干扰美国的新奥尔良港的存货权问题，到路易斯安纳土地购买，到路易斯和克拉克的西部探险，以及后来西部的神速扩展是一个环环相扣的有机的历史过程，为了理解全局，在这里对这一购买案做一简述。

首先，这么大的一片北美土地最初是怎么成了法国领土的呢？

早在17世纪下半叶，一位年轻的法国人拉萨莱在北美加拿大建立了自己的皮货贸易站，他听土著印第安人说，往南去有一条滔滔大河，汇集了无数河流之水直奔大海。这位法国皮货商梦想着发现一条直接通往东方的商路，不顾艰险，几经周折，终于在1682年进入众水之父密西西比河。他顺流而下直至墨西哥湾，由此就宣布了法国对密西西比河流域的主权，包括东西两岸大小支流的流域。对

西部探险示意图

路易斯和克拉克的西部探险

这一片大得没人知道有多大的土地，他以法国国王的名字命名为路易斯安纳。

后来，为什么密西西比河及其西岸为西班牙所有，而东岸归了美国呢？

18世纪中叶，法国与英国在北美为争夺土地大打一场，史称英法七年战争（1756—1763）。法国打得精疲力竭，为了避免这片土地被英国人拿走，也为了回报在这场战争中帮助了法国的西班牙，1762年，法国把密西西比河以西的土地割让给西班牙，法国仍然保持着密西西比河以东的土地。

很快，1763年这场战争结束，在巴黎和约中，法国将密西西比河以东的土地割让给了英国，西班牙仍然拥有密西西比河以西的土地，至此，法国失去了全部路易斯安纳的土地。

1783年独立战争结束后，签订和约，战败的英国把仅仅到手20年的东岸土地全部转让给了美国，一片极为辽阔的土地。

可是，由于美国的疆界划定在大河东岸，这条纵贯南北的水路大动脉及其出海口新奥尔良港统统在西班牙手中，成为巨大的隐患。当时美国西部大量的农产品、威士忌酒、皮货等等，全靠航船从大河顺流而下，经新奥尔良港进入大洋，运往美国东部口岸和世界各地市场。也就是说，在西部土地上生活拓殖的美国人，得要从西班牙手中要到在河上航运的权利，以及在港口存货转运的权利，才能有畅通的商路。

1795年，美西签署了平克内协定，美国总算是获得了在密西西比河上航运的权利和在新奥尔良港存货转运的权利。虽然美商对繁复的转运手续颇有怨言，但矛盾尚未激化，西班牙是衰败中的老牌殖民帝国，还不构成对美国的威胁。

那么，密西西比河以西怎么又回到法国手中了呢？美国又怎么办？

18世纪末叶，拿破仑在法国大革命中崛起，试图重温法兰西的美洲帝国梦。1800年10月，法国和西班牙签约，将路易斯安纳秘密转让给法国。杰弗逊闻讯大惊，与强大的军事帝国法国为邻等于伴虎狼而卧，这绝对不行。他表示不惜与独立战争中的大敌英国结盟以对抗法国。如果法国取缔美国人在新奥尔良港的转运存货权，就等于卡住西部的咽喉要道，为保持商路畅通，杰弗逊派公使利文斯顿于1801年前往巴黎，商谈以两百万美元购买新奥尔良及其周边地

不可一世的拿破仑

区，但遭到拿破仑的断然拒绝。

雪上加霜的是1802年10月，依然代管着路易斯安纳的西班牙取消了美国在新奥尔良的存货权，一时间美国群情激愤，舆论哗然，报纸上充斥着不惜一战的言论。

不过拿破仑此时的日子也不好过。他原来的好梦是以法国在西印度群岛圣多明各（今日海地）的殖民地为基地，进而进入北美，建立起强大的美洲殖民帝国。然而海地的一场黑人起义的大火把拿破仑的帝国梦烧得灰飞烟灭，拿破仑派自己的妹夫亲率54艘战舰组成的舰队和3万大军远征海地，却被熟悉当地情况的游击队所重创，加上黄热病流行，法军惨遭灭顶之灾。

欧洲方面拿破仑亦是内外交困，面对着英、奥、俄的围困，特别是与拥有强大海军力量的英国矛盾尖锐，英法之战一触即发。1803年3月，拿破仑下令建立驳船队，意在与英国开战。可是连年的征战开支巨大，拿破仑此刻实在是缺钱，缺军费。

美洲帝国梦明摆着做不成，拿破仑明白，美国人住在那片土地上，谁也挡不住他们西进开拓的步伐。如果派大部队进军北美，用拿破仑自己的话讲，是"花6千万法郎去搞一个恐怕连一天都维持不了的占领。"特别是如果美国被逼急了，去与英国结盟，对法国更是极为不利。反过来，如果干脆把这片本来占不成的土地卖给美国，一方面拿破仑可以拿到一大笔钱，以解燃眉之急；另一方面，则不是钱所能衡量的了，用拿破仑后来颇为得意的话来说，"这一土地出售将确保美国的永久强大，我给了英国一个劲敌，迟早会让他低下头来。"

新奥尔良出海口的问题牵动着千千万万美国人的心，拿下出海口是杰弗逊总统心中的大事。他一直密切关注着西印度群岛上事态的发展，以及拿破仑在欧洲的一举一动，审时度势，相机行事。此刻他感到了拿破仑的狼狈处境，立刻派出自己在独立战争中风雨同舟的挚友詹姆士·门罗为特命全权大使去法国协助利文斯顿。杰弗逊对门罗说，此行的成败关系到共和国的未来命运。

拿破仑卖地的主意已定，急性子发作，他明知门罗马上就要到了，还是命令外长塔里兰，"今天就去跟利文斯顿先生谈。"而利文斯顿公使还以为1803年4月11日的这次约见不过是又一轮扯皮，因为法国方面一直敷衍塞

门罗特使

JAMES MONROE
1758—1831

责，毫无诚意。结果塔里兰的一句话把他惊得目瞪口呆："如果给你们全部（路易斯安纳的）土地，你们出什么价钱？"

第二天门罗特使到达，无论是他还是利文斯顿都根本无权去买这么大一片相当于美国当时全部领土面积的土地。而在当时的通信条件下，靠海船送信也太难与总统取得联系，机不可失，时不再来，两个人当机立断拍了板：买了！

1500万美元买下了辽阔的山川河流、平原谷地、数不尽的野生动植物、矿产资源，看不尽的美景奇境。为了让这一纸协定安抵美国，3名外交信使分乘3艘海船赴美。带去了美国人作梦也没有想到的消息，也成为杰弗逊任内的重大成就之一。同时，这一重大的土地购买也赋予路易斯和克拉克的西部探险以全新的意义。

纪念路易斯安纳购买150周年(门罗特使签署协定)

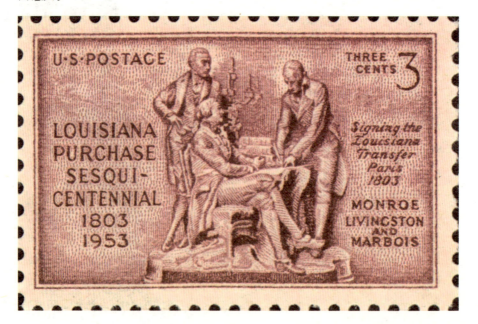

四 告别首都华盛顿

1803 年7月5日，路易斯安纳购买宣布的第二天，路易斯告别了首都华盛顿，踏上了西去的征程。

他面临着太多的具体问题，心情不可能轻松。但另一方面，多年的愿望得以实现，这是国家委以的重任，一种使命感、责任感在鼓舞着他，决心已定，全力以赴去解决一切问题，不到太平洋决不回头。

七月里骄阳似火，一路上暴土扬烟，又渴又热又累，他路过两个镇子，在镇上打听了解已经运出的探险物资的进展情况，检验兵工厂为他们生产的武器装备。7月15日，路易斯抵达匹兹堡，在那里他订做的一艘龙骨船按合同是7

月20日完工。匹兹堡一带方圆几百里就这么一个有技术造这样一艘船的师傅，它要承载二十多个人，以及供全队消耗一两年的物资和武器，还有科学仪器、书籍等等，这条船太重要了。可是糟糕的是，那位造船师傅老是喝得醉醺醺，不负责任，不守时。路易斯心急火燎，眼看着俄亥俄河的水位在下降，再耗下去，水位太低，行船会极为困难。可是不管你怎么急，那位造船师傅却是我行我素，你急他不急，令人毫无办法。

路易斯只得天天守在船场督战，关注一切细节。他本来打算尽可能在封冻前，离开东部驶入荒野，在密苏里河上尽可能多走一程。现在只能眼睁睁看着时间一天天过去，心情烦躁可想而知。使他略感安慰的是，他花二十美元买下的一条大狗，还可以为伴，价钱在当时可算是天价。这条狗强健、机灵，取名海员，一路伴随他，追逐猎物，夜里十分机警，为探险立下汗马功劳。

另一件使路易斯悬念的大事，就是挚友克拉克的决定。1803年7月29日，他终于收到盼望已久的克拉克的复信。克拉克在信中热情洋溢地写道"……这项事业充满艰险，但是我的朋友，请相信我，在这个世界上除了你之外，没有任何一个人会使我感到如此乐于加盟这一历程。"在后面的一封信里，克拉克再一次说："我的朋友，我全身心地加入你的事业。"

路易斯的感激之情发自肺腑，他在复信中说，这个世界上不可能有任何

十九世纪的白官

一个人能像克拉克这样完美地支持协助他，把他肩上如此繁多的职责接过去，"由于能与你合作，使我信心倍增。"

虽然造船时间拖得很长，但这条船一定得按正确的方法造，它要走过美国三大主要河流：俄亥俄河、密西西比河和密苏里河，逆水行舟数千里直达地图上大陆深处的最后一个已知点曼丹村。这船得要精心打造，半点马虎不得。这需要技术，也确实很费工夫，路易斯亲自设计，边制造边修改设计。

船的全长55英尺，宽8英尺，吃水度浅，有一张高高的，32英尺的大方形帆，和一张小一些的三角帆。船头是10英尺长的甲板，船尾也是10英尺，有一个船舱。中间部分的底舱31英尺长，能装12吨货物。上面的甲板上可放11条长凳，每条3英尺长，可坐两个人。这条船可以用桨划，用竿撑，或者由人畜在水里或在岸上用纤绳拖着走。

8月31日大船刚刚完工，人们都说水位太低不能行船，路易斯不管那一套，硬着头皮上路了。有许多东西由车拉走，另外买了一条独木船，尽量减轻大船的负荷。

此时的俄亥俄河水浅滩多，许多地方要把货物卸下来，雇牛马来把船拖过浅滩，然后再装船，如此走走停停，速度极慢。离开匹兹堡时，他有七名部队派来协助划船的士兵，一名舵工，另外三名有可能入选探险队的青年。路易斯要严格考察每一个人，只有选对了人，探险大业才有成功的可能。这一路他一直在思考到底需要多少探险队员，需要具备什么样条件的人。

9月7日，他们到达惠灵镇，陆路运来的物资需要在此装船，路易斯又买了一条独木船。看到这一路的艰辛，路易斯明白今年入冬以前不可能在密苏里河上走多远了，只能在密西西比河与密苏里河交汇处的圣路易斯一带冬营了。

9月9日，他们离开惠灵镇。入夜，大雨倾盆，路易斯浑身透湿冰凉，急急忙忙用油布遮盖物资。好在离开惠灵后俄亥俄河水变深变宽，障碍少些，船速快了不少。船行处，两岸有许多山核桃树，河上有大群松鼠从北岸游向南岸，路易斯的大狗——海员跳入水中叼回一只只松鼠，路易斯得以饱餐肥美的油炸松鼠。

路易斯和克拉克相会
在克拉克斯维尔

9月13日上午，大群的旅鸽由北向南从河上飞过，遮天蔽日。风日晴和时，两岸绿树葱笼，风声，水声，浆声，蛙鸣，鸟语。

9月15日，大雨下了六小时，路易斯坚持行船，傍晚宿营下来。第二天晾晒东西，给枪械、斧子、工具上油。就这样，他们晓行夜宿，于1803年10月15日龙骨船和两只独木船到达靠近克拉克家的俄亥俄瀑布。路易斯雇了当地的舵工把船划过虽然危险，但尚可通行的河道，到达北岸，停船靠岸，出发去与他的挚友威廉·克拉克相会。克拉克住在印第安纳的克拉克斯维尔镇，他哥哥乔治·克拉克将军的家中。

可惜没有史料记载这次会面，史学家们想像着两个身材高大、长腿宽肩、英武热诚的青年男子彼此伸出手去，紧紧相握的瞬间。两张刚毅而饱经风吹日晒的脸上是阳光一样灿烂的笑容，接下来这两个豪爽健谈的青年和一位阅历丰富的老将军欢聚一堂，餐桌上菜肴丰盛，美酒淳香，谈话一定热切而充满希望。

五　来自五湖四海的一队人

在克拉克维尔的十来天里，定下了探险队的首批人选。这是一支军队编制的队伍，称为发现者军团，薪饷由部队发放。原来规定是12个人，但是可以灵活掌握。路易斯从俄亥俄一路行来，走的是顺水都困难重重，当然知道要在密苏里河上逆水行舟，12个人远远无法驾驭承载重物的大船和两只小船，所以只有扩编。

在路易斯尚未到达时，消息已经传开，许多年轻人热衷于探险，又知道归来后政府将奖励每位队员320英亩土地（后来实际给了640英亩），更何况这是一项非常光荣的任务，据称共有一百多人争相报名，这给了路易斯和克拉克很多很好的选择机会。他们两人一致认为不要乡绅子弟，

跟随克拉克的黑人
奴隶约克

也就是不要自己阶层的人；要未婚者，这样可以无后顾之忧，要具备在荒野中生存技能的人，要不怕苦，不怕死，又有团队精神的人。

路易斯带来两名试用队员（原来为三名，一名去向不详），请克拉克过目。其中一位是山侬，在全队中年龄最小，只有十七八岁。他是肯塔基州长的亲戚，全队唯一与路易斯和克拉克出身相仿的人。他虽然年少，却很得力，挺受信任。他在后来的探险途中曾迷路，几乎丧生。山侬是在探险之后，唯一去上大学的人，后来进了法学院，成为州参议员、律师。

　　路易斯招来的另一位队员考尔特是山林好汉，他是探险队五大猎手之一。值得一提的是，1806年8月，在探险队回归东部的途中，他放弃英雄凯旋般的荣耀，申请提前离队，声称自己回到圣路易斯会感到很"寂寞"，宁愿加入两名美国捕猎人去黄石河猎取河狸。后来，1809年，他与另一名前探险队员波兹在黑足印第安人的领域里捕猎，被黑足人抓获。他的同伴未能生还，他被脱得一丝不挂，印第安人叫他先跑一步，由他们追。这是一种很残酷的游戏，几乎没有人能够生还，考尔特临变不惊，机智地跳进河中，藏入河狸的洞里，直到印第安人找他不着，走掉了，他才爬上岸，赤身露体跑了二百英里（约640多里），来到最近的一家皮货贸易站，吓人一大跳。他向人们说起，在西部荒原中看到的奇景：每隔一段时间，从地下喷发出大股蒸汽，泥浆在硫磺坑里沸腾。当时无人相信，被讥为"考尔特的地狱"，传为笑谈，其实句句是实。这一奇景就是后来成为世界上第一个国家公园的黄石公园。考尔特成为西部边疆的传奇人物，他是那种心系荒原，血液里都浸透着冒险精神的人。探险队里不乏这种西部精神，他们的心为荒野的呼唤所感召。

　　克拉克招收的七名军人中有弗洛伊德和普里尔两名班长，是两个能挑担子的人。另外，有两名出色的铁匠，也是好枪械师，一路上确实一刻也离不了。再有费尔德兄弟俩是公认的最优秀的队员，他们也在五大猎手之列。另外一名队员会拉提琴，还会些印第安手语。上述九人史称"九名来自肯塔基的年轻人"，成为队里的骨干。实际上他们的家乡在美国各个地方，只不过在肯塔基一带应征入伍，加入了探险队。

　　这些来自五湖四海的年轻人，在独立战争中的老英雄——乔治·克拉克将军的注视下，宣誓参军，西部探险队诞生了。

　　克拉克还带上他的黑人奴隶约克，一个结实、合群的小伙子。此外还有部队派来的七名战士临时帮忙。1803年10月26日，他们向圣路易斯进发了。

　　11月11日，船到伊利诺斯境内的马萨克要塞，在那里遇到了一个很关键的人德鲁拉德，路易斯慧眼识人，一眼就相中了他。因为一路上将要遇到太多的印第安部落，迫切需要有人懂得印第安人的习俗、语言。与沿途印第安人友好相处，不仅是杰弗逊总统的指示，也是探险队能够活着到达目的地的关键。路易斯一直没有拼对过德鲁拉德的名字，在日记里叫他卓依尔。他是一个混血儿，父亲是法裔加拿大人，母亲是肖尼印第安人。他不仅会几种印第安语，还会英文、法文，而且精通手语，枪法极好，是队里五大猎手之一，智勇双全，沉稳自信，似乎什么问题他都能应付过去。路易斯二话没说，与他签了合同，作为翻译进入探险队。

后来路易斯在另一要塞卡斯卡维亚，招到两名重要队员，一位是奥德维班长，他受过良好的教育，成为路易斯和克拉克的左膀右臂，只要他们不在就由他代理队长。再有一名是盖斯，他做得一手好木匠活，军队里不肯放行，无奈盖斯去意已决，找到路易斯表明心迹。而路易斯手中有上方宝剑——作战部长的命令，要求各地军官协助路易斯，选送最优秀的人，由于路易斯的争取，盖斯如愿加入探险队。一路上修建冬营的木房，砍树造独木船，修桨，修橹，需要木匠手艺的日子太多了。盖斯在弗洛伊德班长病逝后，被大家推选为班长。他是个健康长寿的人，活到99岁，见证了美国边疆一路推向太平洋的沧桑巨变。探险队里还有极善捕鱼的队员，有裁缝出身的队员，这些能工巧匠，八仙过海各显神通。全凭一双手使大家有吃有穿有住。总而言之，这次探险虽被称为路易斯和克拉克的探险，实则为一队青年能人的探险，他们个个血气方刚，一往无前，成就了这一壮举。

一路上路易斯教克拉克使用各种科学仪器，练习测量、记录，探险队的船只沿俄亥俄河顺流而下，奔向众水之父密西西比河，11月20日，他们进入密西西比河，从这里开始逆水行舟，直到北美大陆分水岭——遥远的落基山脉。

六 冬营在两大河交汇处

12月初，船到圣路易斯附近，当时这里只是一个人口千把的小镇，主要为法裔加拿大人。小镇位于密苏里河与密西西比河的交汇处，地理位置重要，必将成为日后的贸易集散中心。

此刻西班牙人还在那里坐镇，等待按协议移交行政权给法国，再由法国交给美国。镇上的西班牙官员并不相信路易斯所说的这次探险是纯科学考察，范围在密苏里河流域。他向上级汇报说，探险队意在进军太平洋岸，一路收集情报。他向路易斯提出要等到路易斯安纳土地正式转让给美国后，探险队方可进入密苏里河。对此路易斯并无所谓，他已感到逆水行舟之不易，队员人数一定得增加，供给物资也得增加，他得在这文明世界的边缘小镇招兵购物，只能在此冬营，别无选择。西班牙官员要求探险队去密西西比河东岸，美国领土上选址冬营。

1803年12月12日，克拉克带领船队进入密西西比河东边的杜波依斯河，这里仍属美国领土，距密苏里河口不远。这一带有林木覆盖，可以猎取到各种动物，火鸡肉肥味美。12月13日大家开始动手盖房，至12月24日圣诞夜，队员们已可以住进尚未完工的营房了。

从1803年12月中到1804年5月中，探险队驻在杜波依斯营地。路易斯常常在外采购，并了解记录圣路易斯一带的自然、地理、人文状况，尽一切努力从各种人那里了解西去之路的信息。

克拉克更多地管理日常事务，搭建营房，安排训练。队员们操练、打靶、站岗、放哨，也打猎，轮流做饭，打扫卫生，自制枫糖，开始过部队的集体生活。

克拉克担心沿途会受到印第安人袭击，在大船上安装了旋转炮，重炮装在船头，两架轻型炮在船尾，也给两艘小船各装上小炮。另外在大船上加了凳子，做了各种改善修整。同时想方设法以最佳方案装载货物。

今日靠近圣路易斯一带的众水之父密西西比河

这五个月的日子对这伙强健的、充满活力又不安分的青年实在也有点太单调郁闷。多数人原来是老百姓，不习惯部队的纪律管制，打架斗殴、酗酒闹事时有发生。特别是在两位队长不在时，有人不服从奥德维班长的命令，拒不上岗，出去喝得酩酊大醉，甚至闹到拿出枪来威胁班长的地步。好在路易斯和克拉克都是军官出身，该罚的罚，该奖的奖，几个醉酒闹事的士兵被关了十天禁闭。

路易斯一直与杰弗逊总统有书信来往，在1804年3月9日，他和克拉克参加了北路易斯安纳的接交转让仪式。圣路易斯的居民都出动了，当西班牙旗落下，法国三色旗升起时，许多法裔居民眼中含着泪水。第二天，3月10日，三色旗降下，军队鸣枪，美国星条旗升起，这是美国历史上的重要时刻，广袤的路易斯安纳的土地，正式并入美国。

3月31日，举行了新兵入伍的仪式。另外，部队派来的，由一名下士沃菲顿带领的一组五名士兵也到了营地。他们按照计划将随探险队到达下一个冬营地点后"半途而退"，原因是临近密苏里河源头时，水将变浅，龙骨船无法行驶，将由他们驾龙骨船返回。

队员们在期待着上路，盖斯的日记里提到，本地人警告说今后他们会走过有许多强大好战的野蛮部落的领域，那些人体魄强健、凶悍阴险，而且残忍，对白人怀有特别的敌意。但是盖斯写道："我们是坚强勇敢的人，全队信心百倍，没有恐惧，一往无前。"

奥德维班长在1804年4月8日给父母的信中说："我们就要乘船下密苏里河，一直航行到无法向前行进的地方，接着从陆上走，如果没有什么阻止我们，我们将直抵大洋。

这一队25人是由从部队和地方选来的人组成，我能够成为一名入选者，实在是太荣幸了。

我们将在十天后（4月18日）启程，沿密苏里河而上，预计走18个月或两年，等我们归来时，将由于这次探险而获得一大笔奖励……"

四月里春暖花开，但路易斯还要买更多的东西，不断地跟当地商人交涉。他按杰弗逊的指示，积极安排奥里哲部落的印第安首领去华盛顿，探险队出发的日子推迟了。

5月6日，路易斯接到作战部长答复他2月10日发出的那封询问克拉克的军衔问题的信。信中说，给克拉克上尉军衔不合适，他能够给的最高军衔是中尉衔，但这个军衔不影响克拉克的军饷，他可以拿上尉的工资。这封信是杰弗逊认可过的，路易斯心里非常难过，但毫无办法。他立即写信给克拉克，决定不让任何人知道此事。在所有人面前，他与克拉克拥有一样的军衔，都是上尉。

克拉克当时说了些什么没有记载，事实是，他咽下了委曲和失望，接受了路易斯的安排，顾全大局，满腔热忱地干了下去。用克拉克后来的话讲，因为他"希望探险成功"。

克拉克带着大家装船、试航，5月8日带领11名划桨手进入密西西比河，检验大船是否平衡，回来又做调整。

5月11日，德鲁拉德从圣路易斯带回七名雇来的法国水手。万事俱备，只等路易斯安排好印第安首领的行程。克拉克决定不再等下去，探险队先行一步，路易斯随后骑马赶来。

1804年5月14日下午4点钟，探险队终于启程，大船由22名士兵及三位班长掌控。另外两条船由非探险队成员掌控，其中一条白色的小船由部队派来帮忙的下士沃菲顿带五名士兵来划，另一只红色的独木舟由八名雇来的法国船工来划。岸上是前来相送的当地居民，河上有轻风，全体队员情绪高涨。

七 航行在密苏里河上

这支船队从冬营地驶入密西西比河，跨过大河就进入密苏里河口。两天后，他们来到圣查尔斯，等待路易斯的到来。这里几乎是最后的白人定居点了，约有四百五十个居民。5月20日，路易斯在三位军官和一群圣路易斯居民的伴随下，骑马来到圣查尔斯。

路易斯在这里又招到两名法印混血的队员——克鲁冉特和拉比奇，两个人都会英语、法语、印第安语，克鲁冉特以前是皮货商，精通手语。难得的是，他随身带了一把小提琴，为这队年轻人带来一路欢乐。他瘦小结实，可惜只有一只眼睛，为此后来几乎酿成大祸。这两个人都深谙水性，都是划船掌舵的好手，成为轮流掌舵的头桨手，全仗着他们的好水性，一路上多少激流险滩，难以想象的险情都闯过来了。

1803年5月21日，在人们的送别声中，他们离开了圣查尔斯。送行的军官后来向东部的作战部长报告说，这一队人"决心很大，身强体壮，意气风发"。

河上生活可谓艰苦卓绝，最大的障碍是密苏里河本身。密苏里河像俄亥俄河一样注入密西西比河，只不过河水浑浊，泥沙俱下。而俄亥俄河从东部植被丰茂的地区流来，是一股清流。在密西西比河上有若干公里可见同一条河里两股水泾渭分明，并行不混，东边是清流，西边是浊流。

密苏里河发源于落基山脉的冰峰雪岭之中，流经干旱的西部高原，在到达美国中央盆地前经过一千六百公里的地区，这一地区不是长期干旱，就是突如其来下暴雨，地表大量泥沙冲入河中。人们说河里的水"用来下犁嫌太稀，用来喝又嫌太稠。"首批来到今天圣路易斯一带的拓荒者，看到暴涨的河水不禁大吃一惊，有记载说："我从没见过这么可怕的情景，一堆巨大的树木……简直是漂浮的岛屿，奔流而来……我们若要渡过河去，一定会遭遇极大的危险。"

流经北达科他州的
密苏里河

西部探险队正是要沿着密苏里河，向它的发源地落基山脉逆流而上，直溯其源。落基山脉是北美大陆的巨大分水岭，山以东的河流注入大西洋，山以西的河流奔向太平洋。探险队计划翻越大山，再沿着西去的河流直下太平洋。

5月25日，他们到达离出发地点不到60英里的一个七户人家的小村子，这里真正是密苏里河上的最后的白人定居点了。离开这里，他们便杳无音讯了，今后将面对滔滔大河、广袤的大平原，每前进一步都充满困难，目标是那么遥远莫测，简直是可望而不可及。

密苏里河以每小时五英里（八公里）的流速奔腾而下，水中卷着巨大的树干，龙骨船装载着十吨重的物资，这队壮实的汉子齐齐摇着橹，划着桨，向前冲去，时时迎着劈头盖脸的巨浪，木船剧烈地颠簸，眼看巨大的树干迎面冲来，在头桨手的指挥下，居然一次次躲过，一次次与滚滚而来的漩涡擦肩而过。

有时候唯一的办法是拉纤，队员们在泥泞的岸上、水里一步一陷地拖着船往前走，脚上常常被刺棵子扎得鲜血淋淋。有时漂浮的木头被巨浪卷来撞断纤绳。河岸上垂着树杈，有时会刮断桅杆，重新做桅杆要用掉一天时间。有时沉重的木船会搁浅在沙滩上。

河岸的土质很松，一旦下面被急流冲走就形成悬岸，随时会轰然塌方，带着巨响堕入河中，无情地毁灭它所碰到的一切，大船有一次几乎砸在塌方的河岸之下。比起他们遥远的目的地，行程慢得像蜗牛爬，一天能走十四英里就不错，经过两个月的苦挣苦熬，他们还在密苏里河上。大伙儿全力以赴，争取以尽可能快的速度往前赶，如果顺风，扬起帆来，有时一天能走二十英里。

最令人难以容忍，又无时无刻无所不在的是滚成团的蚊子小咬，劈头盖脸，无孔不入。路易斯写道："蚊子实在太多了，我们常常把蚊子吸进喉咙里。"白天在酷日之下，汗再流也得把熊油抹在身上。幸亏路易斯为大家买了蚊帐，不然简直无法过夜。大狗海员和全队人"同甘共苦"，蚊子拥绕在它的鼻子和眼睛周围，刺棵子扎它的脚，它又叫又蹭，痛苦不堪。

疾风暴雨时时不期而至，夹带着冰雹，河水猛涨。大雨倾盆时，只能停

西部大平原上的
密苏里河

下来暂避。不光是虫叮，还有蛇咬，加上肌肉拉伤，肩胛错位。河里的水拿来喝，半是淤泥，几乎所有的人都在拉肚子。队员们长时间裹着湿漉漉的衣裤，身上发疹子起泡。路易斯早年从母亲那里学到不少草药知识，又在东部经过短训，他带着各种药物上路，这会儿成了包治百病的大夫。治发烧、感冒、泻肚子、蛇咬、脱臼、拉伤、挑血泡，敷草药，千方百计为全队人解除病痛。

每天早上是一顿冰凉的早餐，吃的是昨天的剩饭。队里规定一天只做一顿饭，不然太耽误时间。人们忙着收帐篷，装船，把船推下水。两名头桨手，印欧混血的克鲁冉特和拉比奇轮换掌舵，指挥大家避开水下暗桩、漩涡和各种障碍物，还在船侧摇橹，协调方向和全队的动作。

探险队从圣查尔斯买了两匹马，队里的翻译德鲁拉德枪法准确，熟知野外生活，总是带几个人骑马出去打猎，驮回各种野味、各种肉食，喂饱这一队壮汉。路易斯对此非常感激，他后来写道："没有这样尽心尽力的好猎手，想起来都吓人，真不知道怎么活下来。"

克拉克比路易斯更熟悉水性，长于绘图，他多数时间在大船上，测量航程，为绘制地图准备第一手资料。路易斯使命在身，要收集动物、植物、土壤、矿物标本，观测地形、地貌、水资源，注意哪里可以做定居点，哪里适于设立贸易站，或哨所要塞……做各种记录。他带着爱犬在岸上走，也帮着打猎。

晚上大家支起帐篷，众人拾柴火焰高，厨师为大家做一餐热饭，每个队员都能按份额领到一些威士忌酒，这是人们最盼望的一刻，这点酒可太提神了。到底都是些年轻人，精力充沛，晚上围坐在篝火旁，克鲁冉特这会儿不当舵工，成了小提琴手，高兴时，大家还欢歌起舞。

每天都要有人写日记，这也是总统的指示，路易斯最会写，可惜有大段时间不见他的日记，原因不详。克拉克记得最全面，虽然文字时时出错，但尽心尽力，几个班长和一些队员也都有时记日记，这些沾着一路风尘的日记给我们留下了多么鲜活的历史。

探险队是军队编制，队员们都是应征入伍的军人，但多数人没当过兵，来自四面八方，各行各业，开始颇有些纪律问题。路易斯和克拉克深知要完成使命绝对需要一支纪律严明的团队。他们的办法是组成临时军事法庭，对于偷喝威士忌酒、带醉上岗、站岗时睡觉、打架斗殴、不服从命令、顶撞上级等等问题，包括一例开小差事件，分别做纪律处分，罚以鞭刑。经过几个月，先后开了五次军事法庭，纪律得到整肃。至1804年秋，就不再有严重的违纪事件发生。鞭刑听来吓人，但如果站岗时睡觉，遭到印第安人袭击，或猛兽闯入，后果将不堪设想。

他们经过的密苏里河下游是美国的中央盆地，东部茂密的大森林在这里突然终止，为什么大草原的高草和广阔无树的平原从这里开始，始终是个难解的迷。这里水草丰茂，漫游着数不尽的羚羊、麋鹿和各种动物，水湾里有水獭河狸，鱼肥水美，苍穹里百鸟飞翔，到处一片生机。

1804年7月4日是美国独立节，探险队在一个印第安人过去的定居点过夜。草原上无数鲜花随风摇曳，香得醉人，附近有幽静的水湾，到处是一簇簇鲜美的野果。日落时分，他们鸣枪庆祝这第一个在密西西比河以西的独立节，每人都领到一份比平日份额多一些的威士忌酒。

当然并不是每天都风和日丽，7月14日，在一场倾盆大雨后，船队出发了。不料转眼间狂风卷来大片乌云，天昏地暗，风推着大船疾速向沙岸上冲去，眼看大船要被撞毁，队员们奋不顾身跳下水去，抓紧缆绳，抛下锚去，拼尽全力稳住船身。突然间，这股狂风消失得无影无踪，河面上一下平静如镜，大草原上的气候就是这样瞬息万变。

7月30日，克拉克和路易斯走上一个小山顶，眼前风景如画，草原上的草茎有10到12英寸长，天鹅在不远的水塘中游来游去。傍晚队员们捕捞到许许多多鲜活的鲇鱼，好猎手费尔德打到一只獾，路易斯用它做了第一个标本，准备送给杰弗逊。

8月8日，路易斯正在小船舱里忙着，头桨手把他叫到船头，只见前方一大片洁白的毛毯似的东西飘落在河面上。近前一看，竟是一片白色羽毛的海洋，有3英里长，70码宽。在河湾上的小岛沙滩上落满了白色的鹈鹕，方圆有几英亩。正是夏季换羽毛的季节，它们忙着啄理自己的羽毛。路易斯在蚊虫的层层包围中根本无法瞄准，只得朝鸟群放一枪，打到一只喉囊里存着五加仑水的鹈鹕。

难怪有这么多水鸟，水里的鱼多得不得了。8月里的一天，路易斯带着12名队员，在一个水塘里捕捞到490条鲇鱼，还有三百来条其他各类鱼。他还猎获过牛蛇，看到过对着船嗥叫的北美草原郊狼。路易斯忙着收集各种标本，有一次他考察某种矿物，闻了闻，还试着尝尝，结果中了毒，赶紧用泻药来解毒，好在有惊无险。

8月23日，探险队已十分接近美国重要的地理界线，98度经线，也是50厘米雨量线。这是中央盆地与北美大平原的交界处，再往西去，高草没有了，只见矮草，长短两种草过渡的地带，大体上循着这条50厘米雨量线。

大平原上漫游着数以万计的美洲野牛，8月23日下午，船上的队员只见外出打猎的费尔德从岸上奔跑过来，兴奋地告诉大家他打到了一头北美野牛，这是队里大多数人第一次见识北美野牛，当晚全队饱餐牛肉。幸亏有如此丰富的猎物，不然靠船上运的那点吃的，他们是走不了多远的。

八　初遇大平原上的印第安人

　　丰饶的大平原上散居着不少印第安部落，他们过着十分原始的生活，各自有各自不同的语言，彼此之间征战、抢掠不断。对于这支小小的探险队，进入印第安人的土地意味着潜在的危机和巨大的挑战。

　　他们带着总统的指示，第一任务是要到达太平洋，沿途要尽量与印第安人交好，并了解印第安人的习俗。杰弗逊热切地期望今后能把大平原上的印第安人纳入美国的贸易体系。

　　但是对于印第安人来说，这里是他们的土地，至于西班牙、法国和美国拿他们的土地作交易，从来也没有谁问过他们。对于探险队而言，印第安人会怎么对待他们这群远道而来的陌生人，谁也不知道。

路易斯和克拉克非常警觉，建立了严格的岗哨制度，夜里必须有一班接一班的人站岗放哨。尽可能宿营在河中的岛上，每天都要检查加侬炮及其他枪械武器的情况，做好临战准备，不敢稍有懈怠。

另一方面，早在东部路易斯就为购买给印第安人的礼物颇费心机。这一路任重而道远，几只木船不可能带够所需的物资和礼物。他们只能尽力而为，一路展示东部的工业品，把总统的意愿转达给印第安人。

但是整个1804年夏初，在密苏里河下游，他们几乎没发现什么印第安人。因为那时很多下游的印第安人都已出发去大平原上猎取野牛了。

终于在7月底，印欧混血的翻译德鲁拉德在大草原上找到了印第安部落，把他们和探险队的会谈安排在8月3日。

头一天晚上全队都非常紧张，大家都期望一切顺利，也不得不做好战斗准备。第二天早上九点钟左右，河上的浓雾散去，一小时后，六七位奥托印第安首领到达，只是大首领由于出猎而未至。

探险队在河滩上举行了会见仪式，士兵们身着正式军装，列队正步走过，鸣枪致意。接下去是路易斯讲话，通过翻译转达。他们把印第安人称为"孩子们"，称杰弗逊总统是他们的"伟大父亲"，告诉他们今后会有美国商人前来与他们贸易，带来各种生活用品、工业品和武器。讲话后，他向印第安人赠送礼品。

这个模式一路上在与印第安部落的交往中一直沿用，令人尴尬的是印第安人总是盼着更多的礼物，而路易斯和克拉克实在很难满足他们的要求。这是第一次与大平原上的印第安人会见，路易斯当然尽量想使他们能够满意一点，他另外又拿出一些弹药、子弹和威士忌酒送给他们，还提出希望大首领能够前来会晤。

会谈后，探险队继续向前，8月27日，船队进入今天的南达科他州一带，这里是彦克顿部落的领域。

队里有一位曾在彦克顿部落生活过多年的法国人多里昂，早在这年6月他与几名皮货商带着两船皮货和牛油捕猎归来，在河上与刚刚上路不久的探险队相遇。由于他能讲英语、法语，妻子是彦克顿人，他还能讲一口流利的彦克顿语，路易斯和克拉克极力挽留，把他招进探险队，此刻他大有用武之地。

路易斯命人点起火来召唤彦克顿人，几小时后，一个十来岁的男孩在船边浮出水面，岸边还有另外两个印第安男孩。能讲彦克顿语的多里昂和班长普里尔跟随他们前去请彦克顿首领过来开会，两个人在彦克顿部落受到十分热情的接待。

8月29日，下午四点，多里昂和普里尔班长带着七十多名彦克顿武士出现在河对岸，双方讲好第二天十点钟会晤。

会见热情友好。晚上印第安人燃起篝火，随着鼓声，画着各种脸谱的年轻人开始唱歌跳舞，队员怀特豪斯记下了当时的情景："他们围着篝火舞一阵，然后跳跃，休息几分钟，一个武士站出来，走到中间，向四周挥动着手臂讲演，陈述他都做了些什么，杀了多少人，偷了多少马，这些使他成为了不起

印第安人靠猎取野牛为生

美洲土著印第安人

的人，最勇敢、杀人最多的人在部落里最为光荣。"

实际上这是探险队真正开始贴近原始部落生活的一夜，在无际的星空下，熊熊的篝火旁，鼓声阵阵，舞蹈粗旷有力，歌声高亢苍凉。在严酷的环境里，印第安人的生存靠的是强悍、凶猛、顽强。

彦克顿人恪守誓言，在战斗中决不撤退。克拉克在日记中说，在最近一次与科罗印第安人的激战中，22人的敢死队中有18人战死，剩下的4个人被部落里的人硬拖出战场。

第二天，彦克顿人表示愿意在下一年春天去华盛顿访问。但要求探险队里熟悉彦克顿人的语言习俗的多里昂先生留在他们的部落里过冬，在部落间进行调解，并安排行程。路易斯和克拉克虽然无法满足他们对更多的礼物的要求，但同意让多里昂留下。

最后，彦克顿首领们一个个起来讲话，一位叫作半人的首领向探险队发出警告："在密苏里河更北更远的地方，你们会遇到下一个部落……他们不会听进你们的话，你们也无法让他们听进你们的话。"

他指的就是早已声名远播到华盛顿的梯顿—苏人，也称拉科塔人，一支极为慓悍、威震大平原的部落。

九 多事的八月

话分两头说，八月里在与印第安人交往的同时，队里事故不断。

　　8月3日，送走了第一批前来会谈的奥托印地安首领，船队继续向前走，晚上士兵里德提出他的一把刀丢在开会地点了，要回头去找，得到准许。结果看来他受不了这极为艰苦危险的探险生活，不辞而别了。此事不能放任自流，三天以后，队里派出德鲁拉德等人去追捕里德，给他们的指示是：如遇抗拒，可以开枪。而且希望德鲁拉德能请来因出猎而未能前来见面的奥托部落的大首领。

　　德鲁拉德确实精明能干，十一天后，于8月18日不仅带回了里德，也请来了奥托的大首领。事已至此，两位队长不得不当

位于衣阿华州苏城的
弗洛伊德纪念碑

着印第安首领的面召开军事法庭对里德施鞭刑。开除军籍，剥夺了他使用枪支的权利，责令他跟船劳动，一直干到下一个冬营地点。等到第二年开春后，大船返回东部时，他跟船返回。

就在第二天，8月19日，一件令全队痛心不已的事发生了，弗洛伊德班长重病不起。他曾在7月31日的日记里说："我有很长一段时间病得很重，但是最近恢复了。"可是8月19日盖斯在日记里说："弗洛伊德班长今天病得好厉害，整夜都不好过。"据路易斯判断，他是得了急腹症。克拉克整夜陪伴在他身边。

当船靠近今天的衣阿华州苏城南郊时，同伴们都为弗洛伊德班长的病情难过不安，大家点起火，打来水，想帮他洗个热水澡，让他舒服一点，然而他已经不行了。克拉克在8月20日的日记里写道："弗洛伊德班长非常虚弱，而且不见起色，没有脉搏，什么也感觉不到，我们驶过两个岛，在船舷右侧出现第一个山崖时，弗洛伊德班长去世了，他去得十分平静，临终前他对我说：'我不行了，我希望你给我写一封信。'"

据后来的医学家估计，弗洛伊德是死于急性阑尾炎，在当时尚无阑尾切除手术的情况下，即便是在东部，也没有办法救治。

探险队以可能做到的最隆重的方式埋葬了他们的战友，墓地在一个山顶上，墓前立了刻有他的名字的木桩。全队向死者致哀，举行了葬礼，他们把这座山命名为弗洛伊德山崖。

两天以后，经过选举，由盖斯接任班长。

一波未平，一波又起，8月26日，全队最年轻的小伙子，19岁的山侬和德鲁拉德出去找马，第二天德鲁拉德一人归来，他和带着两匹马的山侬走散了。两天以后依然不见山侬的踪影，路易斯和克拉克担心他出了什么事，是与印第安人发生了冲突，还是遇到了猛兽？几次派人去找，都无功而返。

离开冬营地仅仅三个月，目的地还远在天边，这么短短的一段时间里，已经有一人开小差，一名班长病逝，一名队员失踪在茫茫大草原上，生死不明，可以想见人们的心境。

8月29日，人们忙着在河岸上准备接待彦克顿首领，发现有山侬曾经到过这里的痕迹，看来他是走在了探险队前面，越赶离得越远。路易斯立刻派人去追，知道小伙子打猎不灵，怕他挨饿，还特别嘱咐要多带些吃的给山侬，可还是没有找到他。

进入9月，在长满矮草的大平原上，队员们看到了更多的野生动物，麋鹿多得数不胜数，到处可见美洲野牛，还有不知名的"山羊"，极为鲜美的李子、葡萄，每天的猎物都十分丰富。这些下苦力的人，一天要干掉九磅肉，还饿得慌。一天，两个队长带人在大平原上用水灌出了草原犬鼠，又是一种未见记录的新动物。仅9月8日一天，一共打到了两只野牛，一只老大的麋鹿，一只小麋鹿，三只鹿，三只火鸡和一只松鼠，真是吃不完的野味山珍。

这时依然不知道山侬在哪里，9月3日，派出考尔特去找，两天后沿着河岸看踪迹，可以看出考尔特还在追，而山侬原有的两匹马看来只剩下一匹了。直到9月11日，大船转过一个河湾，头桨手惊喜地发现山侬竟然坐在岸上，他已极度虚弱，几乎饿死，同伴们忙着给他拿吃的。

原来，在这迷路的十六天里，他一直赶在船前头，越追越远。开始四天还有子弹，后来的十二天就惨了，只有一次他把木棍放在枪筒里射出去，打中了一只野兔，剩下就只有靠野果充饥，最后他已奄奄一息，知道自己决无能力追上队伍，只得坐在岸边，抱一线希望，说不定会有商船经过，他的仅剩的一匹马就是他最后的求生手段了。克拉克颇为感叹，在这样丰饶的大草原上，如果没有了子弹，打不到猎物，也能把人饿死。

三位印第安首领

十　虎口脱险

九月里探险队一路沿河北上，大平原上依然是数不尽的飞禽走兽，他们打到了以往没见过的动物，像长角羚、长耳大野兔、草原郊狼、黑尾鹿。

9月16日那天，船队停下来休整，调整几条船上装运的物资，洗洗涮涮。路易斯带着人下船走走，只见大群的野牛、麋鹿、羚羊悠闲地在漫坡吃草，许许多多草原犬鼠竖起身子四下张望，发出热闹的叫声。机警的长角羚体轻如燕，快捷如风。路易斯在日记里说："不夸张地讲，我朝一个方向一眼看过去，估计看到的那群野牛有三千头之多。"

船队晓行夜宿，9月21日晚上，探险队宿营在一处高高的沙岸上，水浪拍击着河岸。队员们劳累了一天，已沉沉入睡，值班的一名班长在月色下忽然感到脚下河岸的土在抖动，大惊失色，高叫着发出警告。克拉克翻身跃起，高声喊话，全队人从梦中惊醒，旋风般收起营帐，冲向船只，推船下水。在船队划向彼岸的那一刻，一声巨响，白浪涛天，砂岸轰响着落入水中，土石飞扬，惊心动魄。可惜，克拉克笔下只有寥寥数语，但终究为我们记下了这一瞬间。

初秋的南风使船速加快，有时一天能走二十多英里。9月23日是个顺风顺水的好日子。傍晚，他们停靠在一片棉白杨树丛中，正忙着架锅做饭，只见三个印第安男孩从河里游了过来，他们正是来自大名鼎鼎的苏人部落。

杰弗逊有言在先："你们大约会遇到苏人部落，切盼给他们留下良好的印象，他们太强大了。"

苏人进入大平原的时间不长，已经成为这里最强悍的部落，控制着密苏里河上对欧洲人的贸易。多年来，他们对法国和西班牙船民进行威胁，不让他们继续北上，勒索财物，甚至没收船只。

在今天南达科它州的皮埃尔地区，探险队与他们相遇了。这是苏人的一支——梯顿部落，住在沿河的一些村落中。两位队长给了男孩子两把烟叶，请他们捎话，约梯顿—苏人首领见面会晤。

第二天一早，情况就有些不妙，猎手考尔特带着队里唯一剩下的一匹

能骑善射的印第安人

马，住在一个小岛上，他打到四只麋子，挂在岸边的树上。船队划过来，大家正忙着装麋子，考尔特气急败坏地跑过来说，马被印第安人偷跑了。

当晚宿营时，全队高度戒备，三分之二的人在船上，三分之一的人在岸上，提防有变。

9月25日上午，队员们穿好军服，挂起美国旗，在河边沙滩上支起防风雨的帆布篷，准备与印第安首领会谈。多数人留在船上，带着旋转炮的船停泊在离岸70码处，一旦有情况，河岸将处于旋转炮的射程之内。此时，这台加侬炮颇具威慑力，尽管如此，连一向善于与印第安人打交道的克拉克都感到焦虑不安。

大约11点钟，许多梯顿人在河两岸聚集，三名首领黑野牛、帕蒂森和野牛神带着三十名武士前来参加会见仪式。路易斯做了简短讲话，然后是列队正步走，鸣枪，接着两位队长向三位首领赠送礼物：三枚和平徽章、一面美国国旗、一些刀子之类的小礼物，送给大首领黑野牛一件红色军服、一顶船形帽、一些烟叶等等。但是很显然，他们嫌礼物太少。

两位队长请他们登上龙骨船，拿出威士忌酒招待，三个人都极好酒，乘着酒兴，开始生事。

克拉克不得不强行带人把他们送上了小船，小船划到岸边，三名岸上的武士二话没说，过来一把夺过缆绳，另一名抓住桅杆。此时，首领帕蒂森佯醉撒疯，跌跌撞撞地扬言，他得到的礼物不够，要求装满一小船礼物才能放行，而且出言不逊。

克拉克早已忍无可忍，他拔刀出鞘，高声下令所有人拿起武器。大船上，路易斯紧跟着命令队员们各就各位，子弹上膛。

岸上高处，离克拉克他们的小船仅仅二十码远的地方，印第安武士们弯弓拔箭，瞄准探险队，有的举起了短枪，但也有人见势不妙，赶紧溜走。气氛万分紧张，一场重大的流血事件一触即发。就在这千钧一发之际，大首领黑野牛站了出来，一把夺过三名武士手中的缆绳，把搂着桅杆的一位推向岸边。

克拉克毫无惧色，高声说："我们船上的驱邪神力消灭二十个像你们这样的部落都不在话下。""探险队一定要向前走，我们的人不是懦夫，是勇士。"印第安首领回答说："我们也是勇士，如果你们敢向前走，我们就追上来，夺走所有的东西。"

如果真的打起来，历史将重写，梯顿—苏人数以千计，探险队终将寡不敌众。然而三名首领没有蛮干，他们临时开会商议，最后提出要求在船上过夜。克拉克当然全力平息事态，立刻点头答应。这一夜每一个队员都绷紧了心弦，严密设防。

第二天早晨，船行四英里，两岸站满了来看热闹——也同样焦虑不安的印第安人。首领黑野牛邀请路易斯和克拉克访问他们的村子。船靠岸后，两位队长让一些村民、妇女、儿童上船来看看，以示友好。

这是一个游牧部落的村子，大约有一百顶印第安人的锥形帐篷，估计住着九百人。就在两周前，梯顿人与另一印第安部落奥马哈部落打了一仗，杀了75名奥马哈武士，俘虏了48名妇女儿童。

晚间，按印第安人接待贵客的礼节，路易斯和克拉克被他们用精心装饰的野牛皮筒子抬进村落中央的议事场所。妇女们忙着烤肉，准备晚餐，七十名部落里的长者和有头面的武士围坐一圈，探险队坐在首领黑野牛旁边。中心六英尺的圆心被打扫干净，放置和平烟管、烟斗托子和神符之类。吸过和平烟后，双方都讲了话，黑野牛连连叫穷，希望得到更多的东西。克拉克则希望他们与奥马哈印第安人和平相处，释放战俘。这显然是谈不通的话题。

夜晚，梯顿人举行一种很吓人的舞会，带发头皮舞会。在篝火旁，大约十个人用各种兽骨兽皮做的鼓、哨等演奏。妇女们装扮好，手里举着竿子，上面挑着从战死对手头上割下来的带发头皮。男子们围着篝火跳舞，歌唱他们的功绩。探险队员们把烟草卷、珠子串扔给他们，有一名武士因为觉得没拿到自己应得的一

苏人生活在锥形帐篷中

份，竟然大发雷霆，砸坏了一面鼓，还把两面鼓扔进火里，冲了出去。人们把鼓抢了出来，继续跳舞，直至深夜。

探险队就这样在村里参加了两个晚上的头皮舞会。队里精通奥马哈语的印欧混血儿克鲁冉特从村里的俘房那里探听到梯顿人准备下手，尽管真假难辨，却让人神经紧张。

第二天夜里的舞会开到11点，首领帕蒂森和一名武士陪两位队长走到岸边，克拉克上了小船先向大船划去，路易斯还留在岸上。黑暗中小船在浪里一不留神撞断了大船上挂锚的缆绳，船身剧烈晃动。克拉克高喊：全体起立，各就各位，指挥大家控制大船。帕蒂森以为奥马哈人来袭击了，立刻高声喊叫，十分钟内黑野牛带领着约两百名武士站立在岸上。双方都有误会，路易斯以为是策划好了的阴谋，立即命令全体警戒，子弹上膛，转瞬之间又是剑拔弩张。好在这场误会很快就过去了，大家各自回去睡觉。

然而大船丢了锚，无法停靠在更为隐蔽的地方，全队只得格外加强防卫，又是一夜无眠。

早上花了很长时间寻锚不见，这一队疲惫紧张的人正准备启航，忽然看见一大群全付武装的梯顿人出现在岸上。黑野牛上得船来，要求他们再留一夜，说话之间几名武士过来，又一次抓住船头的缆绳，黑野牛开口说，他们不过是想要几卷烟草，几经唇枪舌剑，路易斯向抓着缆绳的武士们扔出几卷烟草，黑野牛还算不食言，立刻从武士们手里抽出缆绳，大船终于启动了，又一场几乎刺刀见红的对峙冲突总算过去了。克拉克在日记里写道："我很疲惫，渴望睡一觉，只要有可能，今晚一定睡一觉。"

实际上，他们依然无法放松，担心梯顿—苏人的追兵会至，一位队员写道："果真如此，我们决心战斗到最后一口气。"

十一　友善的阿瑞卡拉人

经过万分紧张的一周，9月29日清晨，探险队出发了，路上那位曾经寻衅闹事的首领帕蒂森和两名武士在河岸上喊话，要他们进自己的村子停一停，路易斯一行决无意再停下来耽误时间，他们要赶路了。

南来的风送着满帆的船，一天走了二十英里，两位队长给大家分发威士忌酒压惊。天凉了，大雁南飞，夜里雁叫声不绝于耳。秋天来了，他们要在冬天到来之前，尽快沿河向西北方向多走一程。

10月的前三周秋高气爽，蓝天如洗，阳光下的大草原转为金黄色。早上有些凉意，到中午时分就很舒服了，直到太阳下山前都还宜人。夜里的霜冻带来的最大

阿瑞卡拉武士

好事就是蚊子没了，简直太爽了！

　　大平原上成群结队的麋子、长角羚、野牛……大规模迁徙，浩浩荡荡地跨过河去。头上加拿大雪雁、大雁、黑雁、天鹅、绿头鸭和各种各样的鸭子、鸟类飞过，不时鸣叫着飞落河中，此时的飞禽走兽都长足了膘，准备过冬。所以篝火上的烤牛排、鹿腿、水獭尾巴、鸭脯子肉嗞嗞作响，滴着油，散发着诱人的鲜香。

路易斯迈开长腿，一天能走三十英里，带着野外记录本，在岸上做科学考察。他肩扛长枪和一根长矛，大狗海员追随左右，有时也带几个人同行，晚上再回到船队的营地。他身穿鹿皮衣，绒面呢裤子，脚踏用牛皮加固加衬的鹿皮软鞋。有时也打猎，他枪法好，在一百码之内，比田鼠大的猎物，一般难逃他的枪口。

十月初，探险队路过许许多多废弃的村落——一片片泥土造的房子，这里曾经是一度强大的阿瑞卡拉人的家园。18世纪80年代初，这里曾有大约三万人口，一场灾难性的天花席卷大平原，五分之四的阿瑞卡拉人死于天花。在路易斯一行到达时，原来的18个村子，只剩下3个了。

10月8日，在古兰德河口附近，大船经过一个三英里长的岛，那里有三个村落，大约住着两千阿瑞卡拉人，岛上种着豆子、玉米、南瓜，一片田园风光。阿瑞卡拉人纷纷跑出来，站在岸上看着大船驶过，看着他们安下营帐。探险队又一次紧张起来，不知是凶是吉。

克拉克留在船上严密防守，注意动态。路易斯进了村，结果受到村民的热情接待。村里有一位能讲英语、法语及当地语言的白人，在那里已经住了13年之久，有他充当翻译，一切就容易多了。

第二天早上风急浪大，其他村子的印第安首领带着武士，以及自己村里的白人翻译，在风浪中乘着牛皮筏子赶来与探险队见面。皮筏子里面是柳编筐，外罩一张牛皮，印第安妇女划着筏子，在浪里上下翻腾，她们熟练地驾驭着皮筏子，渡过河来。

仪式过后，两位队长赠送礼物，有涂脸的朱红颜料、镜子、四百根针、绒面布、珠子、梳子、剃刀、九把剪子、刀子、斧子等等。出乎意料的是这里的印第安首领拒不接受威士忌酒，并表示他们很吃惊，"父亲"会把这种能使人变成傻瓜的东西送给他们作礼物。

印第安人带来玉米、南瓜和各种蔬菜给探险队，还有从鼠洞里挖出来的大量豆子，精明的田鼠选出来的豆子又大又香，极富营养。据说，印第安人总在挖过的鼠洞里放些别的食物，并不把事情做绝。克拉克在日记里说，阿瑞卡拉人有尊严，不乞讨。

路易斯知道阿瑞卡拉人与苏人有贸易往来，与苏人交换农产品。也知道阿瑞卡拉人与密苏里河更上游的曼丹人战争不断。路易斯从美国的立场看，当然最好是孤立苏人，促成阿瑞卡拉人和曼丹人结盟，打开河上通道，使印第安人成为美国贸易体系的一部分。为此，路易斯力劝阿瑞卡拉人与曼丹人讲和，首领们对此并无反对意见。他们愿意去华盛顿见"伟大的父亲"。有一位首领决定与探险队一起去曼丹村和谈。阿瑞卡拉首领对他们说："你们的道路是畅通的，你们能想象有人敢碰你们的缆绳吗？没有！"

这里的人没见过黑人，约克成了男女老少注目的中心，孩子们追着他，他也跟孩子们逗着玩，有时会突然转过身来，呲牙裂嘴，吼一嗓子，追赶着一哄而散的孩子们。他编出故事来说，他原来是一头野兽，后来被克拉克上尉逮住，驯化了，可是有时候还吃人。黑人奴隶约克在印第安人眼中是奇特强壮、拥有神力的人。

10月13日，在印第安首领面前，探险队不得不又一次处理内部违纪问题。队员纽曼在逃兵里德的怂恿下，顶撞辱骂两位队长，被临时军事法庭判处鞭刑，第二天执行。

10月14日一早，在阿瑞卡拉人中间盘桓了五天的探险队出发上路了。中午时分对纽曼执行75下鞭刑，随船队去曼丹村和谈的阿瑞卡拉首领看得直掉泪。他说："在我们部落里，连对孩子都从来不用鞭子。"

阿瑞卡拉人与凶悍蛮横的梯顿—苏人形成了鲜明的对比。

十二 曼丹村的严冬

不久船队进入今天的北达科他地区，天气渐渐冷了起来，尽管才十月，冷雨夹着冰雹，有时变成阵阵小雪。克拉克犯了风湿病，路易斯用热石头包上法兰绒为他热敷。

本来他们希望在到达密苏里源头时停下来过冬，但显然是不可能了。经过近六个月的艰苦历程，他们估计已沿着大河向西北走了一千六百英里，但还远未达到密苏里源头。他们就要到达在地图上出现的最后一个印第安人定居点——曼丹村落。在此之后，就是白人足迹从未踏到过的大漠荒原了。两位队长准备在曼丹村停下来过冬。

早在圣路易斯，探险队就对曼丹村落的情况有所耳闻，沿途在阿瑞卡拉村中又听到村里的白人皮货商讲起详情。曼丹是北部大平原上颇有名气的贸易中心，每年夏末有盛大的集市贸易。许多印第安人从远方来这里赶会，更有来自西北贸易公司、哈德逊公司和来自圣路易斯的白人商贾。

在集市上，曼丹的玉米和农产品大受欢迎，还有西班牙的马和骡子，做工不错的皮衣服，英国枪支，一筐筐的瓜菜、粮食、肉食，各种各样的皮货，乐器、毯子、彩绘的野牛皮……人们举行欢乐的舞会，一直跳到深夜，小伙子们还搞竞赛。

这里的居民有四千五百人，比当时的圣路易斯或华盛顿的人口还要多。由五大村落组成，其中有两个是曼丹人的村子，三个是西达萨人的村子。曼丹人种玉米、瓜菜，也在大平原上骑马猎牛。但他们不像邻人西达萨那样，常常派出战斗队，骑马奔驰到遥远的冰峰雪岭——落基山脚下，袭击那一带的印第安部落，劫掠马匹和奴隶。

曼丹村落

1805年10月26日，探险队到达曼丹村落，把营地设在曼丹村附近，村里的男女老少蜂拥而至来看他们。路易斯跟着一位他们在路上遇到的、外出打猎的曼丹首领和狩猎队伍中的白人皮货商进了村子。好在这几个村子里都有些白人在此居住多年，有些娶印第安妇女为妻，有他们翻译，语言沟通就方便多了。路易斯受到热情接待。探险队要在他们那里住五个月，富有商业眼光的曼丹人非常高兴。他们也乐于与阿瑞卡拉人和平相处，至少在大平原上出猎不必担惊受怕，遭到袭击，部落间的调解似乎颇有成效。

看好了地方，这群能工巧匠立刻着手砍树造营房。11月3日，开始动手，全队人齐心协力，尽量把住处建得舒适坚固。营房盖好后将呈三角形，一面是18英尺高的栅栏墙，临河而建，两侧为两排圆木造成的房子，大门边要建一座岗亭，架起加侬炮，易于防守。

11月4日，一位叫查伯纳的法裔皮货商来访，想在探险队里找份工作，他大约45岁，有两位肖肖尼太太。四年前她们还是十来岁的孩子，住在遥远的落基山脚下的肖肖尼部落里，西达萨人的队伍袭击了她们的部落，眼看着亲人惨死在眼前，她们被俘虏，带到了陌生的曼丹村落。查伯纳是在与西达萨人赌博时赢得了她们。

路易斯和克拉克立刻拍板雇下查伯纳，倒不是为了他，而是因为他的妻子会说肖肖尼语。因为今后他们到达落基山脚下时，要与肖肖尼人打交道，特别是必须从肖肖尼人手中买马翻山，不能没有翻译。在两个妻子中，查伯纳决定带上小的一个，当时年仅十五岁，而且怀着六个月身孕的萨卡加维亚。后来的事实证明，雇下萨卡加维亚对探险的成功至关重要。

这一年奇冷，到11月13日河上已经封冻，树上的冰凌压折了树枝，压倒了树干，发出巨大的响声。雪花飘，风声紧，探险队加紧盖营房。

到了圣诞夜，曼丹要塞正式完工。1804年12月25日，圣诞节，每个队员都分到白兰地酒、干果、辣椒，比平时更多的面粉，庆祝节日。挂起美国国旗，鸣炮鸣枪，开舞会。新年里，他们来到印第安人的村子里，拉起小提琴，打起铃鼓，载歌载舞，一片欢乐。

曼丹人的野牛舞

　　营房里很暖和，但队员们并不能总是待在屋子里，要军训，站岗，每天检查武器装备，气温降到华氏零度以下（摄氏零下18度以下），每半小时就要换一班岗，不敢稍有松懈。他们还要劈柴取暖烧饭，对用旧的东西做彻底的维修，把大船从冰河里拖出来修理，和印第安人来来往往，做交易。

　　探险队能在曼丹村度过漫长的寒冬真是三生有幸，关键是曼丹人有玉米，而且有余粮可以用于交换。队里三名优秀的铁匠希尔德、布莱顿和维拉德功不可没，他们拉上风箱，设起铁匠炉为印第安人修理铁锄、工具，在箭头上加铁头，用铁皮做切割牛皮的刮刀，为印第安人做战斧……换来许多玉米，对此路易斯十分感激。

　　能活过寒冬的另一大计是猎取野牛，剽悍勇敢的印第安人给了他们太多的帮助。12月7日，一名曼丹首领来到营房，告诉探险队有一大群野牛出现在离河几英里外的山坡上，他们愿意提供马匹，问探险队是不是一起去打猎。

路易斯带上15个人，借了曼丹人的马，参加到打猎的行列。他是弗吉尼亚人，是骑马的行家，可也远远赶不上曼丹人的骑术。曼丹人骑着快马，风驰电掣，用膝盖夹住马背，腾出双手拉弓射箭，箭射出去又准又狠，常常是一箭击中要害。后面紧跟着印第安妇女，迅速地剥皮割肉，要赶在平原狼的前面，真是狼口夺食。

路易斯一行用枪打杀11头野牛，那天夜里气温在摄氏零下18度，他们睡在野牛皮袍里，在野外过夜。第二天又打到9头野牛，可惜只吃了舌头，其他都成了狼食。那天极冷，零下43度。

1805年1月3日，曼丹人举行一种特殊的仪式，野牛舞会，召唤野牛，一直跳了三夜。两天以后，一群野牛还真的出现了。尽管气温依然在摄氏零下18度以下，路易斯又一次带着十多个人加入出猎的行列。平原上遍布着野牛，印第安人马踏飞雪，弯弓射箭，射杀了三四十头野牛。他们的马训练有素，机警强健，可以跑得离牛很近。一旦受伤的野牛疯狂地冲过来，马匹会飞速逃去。探险队猎杀十一头野牛，满载而归。

1月9日，狂风怒号，冰天雪地，一群印第安人又一次出猎，傍晚时分，马匹驮着肉回来了，可是有两人未归，人们都说这两个人会冻死在大平原上。

第二天，印第安人从探险队借了雪橇，去寻找和拉回昨天走失的一个大人和一个男孩子。出人意料的是，大约十点钟，那个13岁左右的男孩子活着回来了，走进要塞。他的脚受了冻，在外面一夜没有火，只有一件野牛皮袍御寒。路易斯用冷水为他泡脚，但是不行，他的脚伤得太重了。

后来，另一位走失的印第安男子也来到要塞，他在冰天雪地里，一夜没有火取暖，只穿着单薄的衣服，可并没有冻伤，克拉克十分感叹他们对严寒的巨大承受能力。

半个月后，1月26日，路易斯在没有医疗器械和麻药的情况下，为男孩截去了脚趾。五天后，又截去了另一只脚的脚趾。2月23日，男孩接近痊愈，他父亲用雪橇把他拉回家，这里的生存环境太严酷了。

2月4日，克拉克带着18个人又一次出猎，一去就是一周多，打到40只鹿、3头野牛、16只麋子。猎物太多，拉不回来，克拉克回到营地，派德鲁拉德带领三个人，驾三副雪橇，去拉回藏在木笼里的猎物。这支小分队在雪原上遭到一百多人的苏人队伍的劫掠，丢掉了两匹马、两副雪橇、两把刀。克拉克对这次生死搏斗做了简短记述：小分队在众多的敌人面前没有屈服，开火还击，他们趁苏人队伍犹豫的一刻，驾着剩下的一匹马和雪橇，赶紧撤回。尽管由于物资极度匮乏，这样的损失颇令人心烦，但是无论如何，德鲁拉德一行能够活着回来就是万幸。

2月15日天一亮，路易斯带着24个人包括几名曼丹人去追苏人的队伍。实际上天寒地冻，几乎完全没有可能追上。他们赶了好一段路后，只发现两顶印第安人的锥形帐篷，这队人已疲惫不堪，就在帐篷里过了夜。第二天路易斯终于放弃，转而狩猎。幸亏藏好的猎物并未被苏人发现。这队人在野外的严寒中耽误了整整一周，带回了36只鹿、14只麋子，大约一吨肉。

路易斯整个冬天都在为大家治病，队员们来自气候温和的东部，从来没有体验过这样的严寒，在大风雪中打猎站岗，许多人冻伤了手脚，普里尔班长肩膀脱臼，有人碰伤砸伤，发烧泻肚子，路易斯什么病都治。

2月2日，队里新雇的翻译查伯纳的妻子临产，这是第一胎，路易斯写道："生产非常困难，痛苦不堪。"他被叫去接生。路易斯哪里接过生，他问了一位在印第安人中间生活了多年、娶妻生子的白人皮货商，他倒是颇有经验，说是用响尾蛇尾部的响环可以治难产。路易斯将信将疑，但别无良策，只得一试。幸亏他找到了响环，弄碎后让产妇就着水喝了下去，不到十分钟，一声洪亮的婴儿啼哭声带来一片欢乐，一个健康的男孩子出生了，他成为探险队最小的成员，随着母亲直到遥远的太平洋。

在这个远离现代文明、看似平静的原始村落里，竟然也充满了错综复杂的矛盾。首先路易斯和克拉克尽全力争取的、印第安部落之间的和平协议，全然不奏效。他们那种天外来人要改变印第安人行为方式的构想实在过于天真了。

十月底，他们主持阿瑞卡拉首领与曼丹首领和谈，似乎一切都顺理成章，大家都可以过太平日子了。可是刚到11月30日，就发生了曼丹猎人被苏人和阿瑞卡拉人袭击的事件，造成一人死亡，两人受伤，还有九匹马被盗。看来阿瑞卡拉人并未遵守和平协议，而是继续与苏人结盟。曼丹人就此对美国人在里面乱掺和，搞什么和平协议，颇为反感，好在他们并未觉得这些外来人有什么恶意。

路易斯曾与曼丹村落中的三大西达萨村的首领讲好，不要去打肖肖尼人和黑足印第安人。仅仅一两天后，一个年轻的西达萨人就带着50人的队伍，前去袭击黑足人的领地。对于他们，打仗杀人、抢劫偷盗是建功立业的光荣行为。

曼丹人希望独揽与探险队的贸易，有意散布流言，说美国人与苏人结盟，要攻击西达萨人。另外，英国和法国的皮货商也不希望美国人进入他们的贸易领域，但是无奈这里已经成为美国领土。尽管路易斯明确表示，只要不侵犯美国主权，他们可以照旧做生意，但似乎这些人并不安心，也在散布流言蜚语。

更有甚者，远在南部的西班牙政权对这次探险活动充满疑虑和恐惧，生怕美国人对他们的领土有野心。探险队全然不知道西班牙政府曾派出部队和印第安人去拦截他们，只是当军队到达普莱特河时，探险队已经过去了。此刻，墨西哥城内的总督们正在紧锣密鼓地策划下一次拦截，更大的军事行动是要在回程中截获这支小小的探险队。不管在来路上，还是在去路上，探险队如与他们遭遇，是无力抗衡的，力量对比太悬殊了。

整个冬天路易斯和克拉克都十分忙碌，日常工作繁重，还要与皮货公司、商人尽量沟通，与印第安人不断往来。同时，这个冬天更是他们整理标本，书写科学考察报告，绘制地图的紧张日子。在烟雾弥漫的木房子里，在烛光下，他们用羽毛翎子笔蘸着墨水，一写就是几小时，把标本一一分类，工程很大。这些实实在在的考察报告，对于东部何其可贵。

两位队长最急切需要了解的是前面的道路，他们向各种人不厌其烦地询问讨论。印第安人在地上画出河流，用土堆成山脉，为他们指路。从后来路易斯给杰弗逊的报告看，他对于前面要经过的大瀑布、三叉河口、落基山脉等都有所了解。但不知为什么，这些艰难到极点的路程，被说得似乎轻而易举就能

曼丹人的圆形
牛皮筏子

通过，他们听到的与实际情况相去甚远。

3月下旬，春天来了。雨后万物复苏，天鹅、大雁、各种水鸟漫天飞过。印第安人放火烧荒，让新草更快地生长，马有青草吃，野牛也会光临。河上的冰裂了，野牛踏上将裂的冰面，会掉下水淹死，印第安人在冰块上跳跃着，去捞漂过的野牛。

所有的队员都很振奋，这辈子都没见过的严寒冬日终于过去，又要上路了。一组组人分别修理船只，造新的独木船，装货，做鹿皮鞋，熏制牛肉干，锯木头、拉风箱、打铁。边干边唱，紧张、忙碌、愉快。3月底，克拉克写道："全队个个情绪饱满，几乎夜夜都有舞会，互相之间非常融洽、理解。"

路易斯在3月31日写信给日夜思念着他的母亲："不必为我的命运担忧，我向您保证，我在这里就像在家乡阿尔贝马尔一样，感到十分安全。唯一不同的就是华盛顿离家仅一百三十英里，而此地是三四千英里，我不能像在那里的时候那样，享有经常见到您的愉悦。"

路易斯和克拉克把近一年的科研成果分类装箱，共有68种土壤样品、矿物标本，108个植物标本，其中有一种能治疯狗、狼、响尾蛇咬伤的植物。19世纪狂犬病和蛇咬伤很普遍，这是令人鼓舞的消息。还有各种动物骨骼，黑尾鹿角、貂皮、黄鼠狼皮等等，甚至有活的动物，四只喜鹊、一只草原犬鼠、一只松鸡，不过最后只有一只喜鹊和一只草原犬鼠活着送到杰弗逊手中。他们的报告有一本书的量，对一路的气候、动植物、居民的经济状况、战争状态作了系统的分析调查。克拉克对印第安人做了十分详尽的描述，他精心绘制的地图大大丰富了这份报告。他们对美国、对世界知识领域做出了卓越贡献。这些成果来之不易，是在蚊叮虫咬中，在最艰险的环境里实地考察的结果。

1805年4月7日，探险队又一次踏上征程。由于此后向西继续航行，越来越接近密苏里源头，水流将变浅变急，大船无法行驶，所以由沃菲顿下士带领的几名部队派来帮忙的战士以及四名法国船工（有几名入冬前就返回圣路易斯了），一名作翻译的皮货商，还有两名被开除军籍的士兵里德和纽曼，驾驶着大船返回东部。

继续西行的是探险队全体正式成员，两名接替里德和纽曼的新队员，即新招来的加拿大法裔皮货商莱佩吉和翻译查伯纳，另外还有他的妻子萨卡加维亚，以及刚满三个月的小宝宝，一共33人。

路易斯在给杰弗逊的信中说："大船上的（返回）人员有充足的粮食，假如苏人向他们开火，他们保证决不屈服，战斗到最后一口气。"

他还写道："自从开始这次行程以来，我从未感到像现在这么健康，踌躇满志，热情洋溢……目前全队每一个人都身体健康，情绪饱满，全身心投入这项事业，热切盼望着向前进。听不到一点最轻微的怨言。全队一股心劲，非常团结友爱。有这么一队人，我有一切理由充满希望，无所畏惧。"

路易斯和克拉克忙着指挥两路人最后打包装船，他们对即将返回圣路易斯的沃菲顿下士叮嘱再三，要他们一路上小心防范苏人的袭击。这许许多多的标本、报告全都重重拜托他们装上龙骨船，最后交到杰弗逊总统手中。

下午四点钟，一切就绪，双方挥手告别，互道珍重，西去的探险队上了新造的六只独木船，和原来的一红一白两只木船，每只船都装得满满的，他们启航了。

十三 动物世界里的惊险经历

1805 年4月7日，离开曼丹村的第一个晚上，路易斯写下了一段后来为许多史学家引用的日记："我们共有六只独木船，两只大平底船。这支小小的船队虽然不如哥伦布船长或库克船长的船队那么令人肃然起敬，但在我们眼里，它依然像那些声誉卓著的探险一样令人振奋……我们现在就要深入文明人类从未跨入过的至少两千英里的大陆了，这个实验的前景是好是坏尚未可知……然而，憧憬未来，我感到极大的快乐，兴趣盎然。我怀着最大的信心去完成这个在我心中珍藏孕育了十年之久的事业，我把这一出发的时刻看成是我一生中最光荣快乐的时刻之一。"

路易斯明白，他们所做的一切将为世人所瞩目，将载入史册，事实也的确如此。这种荣誉感和历史使命感通过两位队长的言传身教渗入团队，使这支探险队境界不凡。

四五月份的行程虽然艰苦，虽然不时出现险情，但比起后来的路程，相对要顺利许多。值得一提的是，在曼丹村之前克拉克的日记居多，而曼丹村之后路易斯开始大量记日记，他的文笔生动，记录翔实，给我们留下了太多的珍贵鲜活的史料。

此时，他们走在美国最北部的干旱平原上，这里平均年降雨量不到10英寸，却竟然存在无比美丽神奇的景观。到处是数不尽的野生动物，这里的草场一定不错，不然怎么能养活这么多的动物呢。从河边的小山上极目远眺，是无尽的平坦肥沃的原野，大群的野牛、麋子、鹿和羚羊悠然自得地吃着草。河岸上时时立着大角羊，头顶上飞过大雁、天鹅、仙鹤，盘旋着雄鹰，河里有河狸水獭出没，晚上河狸尾巴拍水的声音吵得克拉克睡不着觉。大群的野牛从探险队的船边游过，彼此相安无事。大平原上的动物是那么平和温顺，人们与它

 北美野牛

们擦肩而过，它们自顾自吃着草，既不好奇，也不惊慌。如果它们注意到人，常常是走近前看看这些人究竟是个啥，有时会跟着人走好一程。路易斯估摸着有两个好猎手就能供一团人吃肉。动物多到有时得用棒子赶，石头轰，才好走路。一次，路易斯在平原上步行，一只小牛一路跟着他，一直跟到他上船。

队员们体力消耗很大，一天的肉食要9到10磅，天天都可以吃得尽兴。特别受欢迎的是烤河狸尾巴，肥美鲜香。河狸是珍贵的皮毛动物，他们上路的第二天遇到三个法国捕猎人，与探险队同行了一段，猎人们猎获的皮货是路易斯从未见过的上等好皮。后来皮货的信息随探险队传到东部，很快就有更多的猎人跟踪而至，可怜河狸水獭惨遭灭顶之灾。

新发现的动物不少，像美洲反嘴鹬、雪雁等等，人们从鸟巢中捡回鸟蛋，路易斯一路记载新发现的飞禽走兽。生活在动物世界里，他们观察到牛群旁边永远跟着狼群，专吃落单的小牛、伤牛。狼群很精，且颇有团队精神，它们共同向一只牛发动进攻，有些穷追猛咬，有些则趴在一边，以逸待劳，轮番上阵，直到庞大的牛累倒在地，被它们撕咬。

他们送走了大龙骨船，行动更为轻捷，原来的白色和红色平底船是载重主力。白船较为平稳成为船队的旗舰，白船上有两位队长，六名划桨手，其中三人不会水，为了安全起见，上了这条船。另外是处处伴随路易斯的队员德鲁拉德，翻译查伯纳和他的妻子萨卡加维亚，她用背架把小宝宝背在背上。白船上共有十一个大人，一个小孩，还有队里最重要的物资，天文仪器，日记、野外记录、几箱枪、药、小桌子。这两条平底船由最有经验的舵手管着，另外六只独木船，每只船上有三名划桨手。这些独木船都是用圆木挖凿出来的，圆底，不容易驾驭，弄不好就倾斜进水。特别是碰到拐弯处风急浪大，小船像段木头在浪里颠簸，队员们常常不得不下船去，用鹿皮绳和每船仅有一条的麻绳，用力拖着船走，用杆子撑。

当然也有顺风的日子，大家赶紧扬起帆，小船以每小时三英里的时速前进。如果碰上顶强风就走不成了，停下船来也不得闲，晾晒打湿的东西，修船，用鹿皮缝鞋，做衣服，做笔记，写日记、观测记录……队员怀特豪斯原来是裁缝，这一路上大有用武之地。

路途上险情不断，离开曼丹的第二天，一只独木船就进了水，只得停下来晾晒东西。4月12日，船队经过一处就要塌落的河岸，路易斯觉察到情况不妙，立刻命令大家向南全速前进，避开北岸。但是那条红船正被人们拖着，吃力地往前走，拖船的人没有听到号令，等大家发现时，已经为时太晚，只好由他们硬着头皮拼命向前，总算有惊无险，走过危岸。

4月13日，天气晴朗，又顺风，白船扬起风帆，由查伯纳掌舵，跑得轻松愉快。没想到一阵大风突起，小船剧烈晃动，查伯纳慌了神，束手无策，眼看就要翻船，路易斯高声命令，叫德鲁拉德抢上舵位，使船头对准风头，其他人立即收帆，避免了一场事故。

4月里，北部平原上早晚还会上冻，河水很凉，干旱的荒原上常常是风沙铺天盖地。4月24日，探险队已接近黄石河口，一场巨大的沙尘暴卷着极细的白沙子滚滚而来，沙子打在脸上身上，迷人眼睛，无孔不入，吃的、呼吸进去的全是沙子，连路易斯的怀表都进了沙子，走走停停。许多人患上眼疾，眼睛红肿，在水面的强光刺激下更受罪。更不用说，时时有人患疟疾、痢疾、腹泻、风湿病、发烧，路易斯绞尽脑汁，一路为大家治病。再有就是饮食单一，缺少调剂。当时世界上的许多探险队由于缺乏蔬菜水果造成坏血病，使探险归于失败。此时，印第安妇女萨卡加维亚的加入，给大家带来了福音。上路头几天，由于那一带印第安人的围猎，动物都跑光了，猎手们空手而归。萨卡加维亚在营地附近的野地里寻寻觅觅，从田鼠洞里刨出许许多多洋姜，大受欢迎。她认识各种野菜，能挖到一种叫作白苹果的根茎，和肉一起炖，而她丈夫查伯纳则很会烧饭。

4月25日，到达黄石河口，这里绿荫如盖，到处都是牛群鹿群，印第安人曾告诉他们，如果走黄石河，可以直抵落基山中河流的源头。假如他们听了印第安人的话，会少绕一个大弯，不用走苦到了极点的大瀑布水陆联运，能省去一两个月的时间。太可惜了，他们连想都没想就沿着密苏里河走了下去。

这一带是大灰熊生息的领域，早在曼丹村，他们就听印第安人讲起大平

好一顿美餐

原上凶猛可怕的大灰熊，印第安人在出猎之前要举行出战前的仪式，且常有伤亡。但是探险队里不乏神枪手，他们倒挺希望与这种被说得神乎其神的庞然大物交交锋。

4月13日，河岸上出现熊迹，他们看到许多被水冲上岸的野牛尸体，多半是由于冰裂掉到河里淹死的，野牛周围有不少很大很新的熊脚印，附近肯定有熊。

4月29日，路易斯带着一名队员在河边上走，发现两只灰熊，两人同时开枪，各打中一只。其中一只熊带伤逃走，另一只则向路易斯扑来，追了大约80码远，由于伤得很重跑不了太快，两个人能来得及再上子弹，再次开枪，打杀了这只约三百磅重的幼熊。这是探险队猎到的第一只熊。虽然它能带伤坚持追击那么久，令人惊讶，路易斯并不认为这熊有多可怕，毕竟他手中有枪。

5月5日，克拉克和德鲁拉德又打死一只约有五六百磅重的大灰熊。这次一共打了十枪，五枪穿透肺部，五枪击中其他部位。巨熊挨了第一枪后就狂吼不已，带伤游了半条河的距离，到一个沙滩上，至少过了二十分钟才死掉。他们在这熊身上收获也不少，足足熬出一桶熊油。

5月11日下午，队员布莱顿因为手上的脓包疼痛不已无法划船，上岸步行。没有多一会儿，只见他惊慌失措地跑过来，上气不接下气，连比画带说，原来他打伤了一只熊，那熊带伤向他扑过来，追得他魂飞天外。

路易斯立刻带人前去查看，顺着血迹追寻了一英里，看到藏在浓密树丛里的熊，他们开枪击中了熊头。仔细查看，布莱顿的子弹穿透了熊肺，它居然追了布莱顿半英里路，转回头又走了两倍以上的路程，这下可再没人敢小看这灰熊了。

三天以后的5月14日，发生了两起惊心动魄的事件。这天下午，两只落在后面的独木船发现河岸上有一只熊。他们一共有六个人，略作筹划，便上了岸，悄悄向熊靠拢，潜伏到离熊40码外的地方，却没被熊发现。其中四个人同时开火，四枪皆中，两枪穿透肺部，那熊怒吼着，张着大口扑了过来。这时，另外两个尚未射击的人开了枪，一枪打到肌肉上，另一枪打中肩膀，这两枪作用不大，只使它在一瞬间稍微减慢了一点速度。那熊也不示弱，继续带伤猛追两名队员，把他们追入河中，跳到船上。此时，其他藏入柳丛的队员重上子弹，开了火，灰熊再度中弹，它顺着枪声扑向那两个开枪的人。这两人慌不择路，丢下手中的长枪、子弹袋，从近20英尺高的垂直河岸上跳下河去。那头狂怒的熊也跟着跳了下去，吼声震天，就在熊掌几乎触及一名队员的一瞬间，一发子弹从岸上呼啸而来，击中熊头。好险！前后一共是八颗子弹，才结果了这只熊。

真是祸不单行，几乎同时，前面行驶的船队旗舰——白船差点翻船。事发时两位队长都在岸上，糟糕的是胆小如鼠的查伯纳又一次坐在舵位上。本来是顺风，白船正扬帆行驶，不料忽然间风生水起，一阵疾风把船吹转了向，船身横对风头。掌帆的人抓不住帆，倾刻间船身倾斜，查伯纳又一次吓得呆若木鸡。两位队长被眼前的一切惊呆了，对天鸣枪，大喊着要队员们割断扬帆索，赶紧收帆，但是距离太远，谁也听不见。头桨手克鲁冉特大声命令查伯纳转舵，使船头对准风头，查伯纳却是呼天喊地，只管祈祷上帝。白船开始进水，船上的东西开始漂走，两位队长惊惧恐慌地注视着这一切。

路易斯扔下手中的枪，抛开子弹袋，开始脱衣服，就要跳入水中。但他立刻回过神来，这样做太蠢了，河水冰冷刺骨，风急浪大，船在三百码之外，这是白送命。幸运的是克鲁冉特当机立断，端起枪来对准查伯纳，要他立刻拿起舵柄，正过船身，否则就开枪。水离船舷边仅有一英寸了，丧魂落魄的查伯纳终于操起舵柄，克鲁冉特一边让两名队员用桶往外舀水，一边和另外两人用力将船划向岸边。

与她丈夫查伯纳形成鲜明对照的是年轻的萨卡加维亚，她始终沉着冷静，临变不惊，手疾眼快地将漂走的东西一件件捞起，保住了绝大多数珍贵无比的文件、物资。这些东西关系着探险队今后的生存，还有考察成果、各类报告，对此路易斯和克拉克看得比命还重。出行刚一个月有余，来自原始部落的萨卡加维亚，以出众的品格和能力赢得了大家的尊重。路易斯在日记里记下了这一切，赞扬了她。

5月8日，队里的重要成员——大狗海员差点丧命，它像以往一样活跃勇敢，忠于职守，看到一名队员打中了一只河狸，立刻扑入水中，追了上去，不料被河狸在腿上猛咬一口，咬断大血管，血流如注。路易斯用尽一切方法为它止血，保住生命。亏得海员活了下来，在这走兽出没的地方，它夜夜守护营地，屡建奇功。

5月的最后两周，船队进入一段约160英里的河道，两岸悬崖高耸，千姿百态的峭壁悬崖映衬着碧蓝如洗的青天。只是这一带十分干旱，是一片不毛之地。

5月26日，路易斯爬上了那一带的至高点，走得很累。山风吹来，在他眼前浮现出远方的西部大山——落基山脉。只见高耸入云的层层山脉，峰顶白雪覆盖，在阳光下熠熠生辉，这壮丽的景色使他欣喜若狂，终于快到密苏里源头了。但是转瞬之间，他的心又跌入谷底，如此巨大的天然屏障横梗在西去太平洋的道路之上，要过这座山真是难于上青天啊！

这一段的水路十分艰难，陡直的崖岸，一个接一个的河湾，一阵接一阵的顶头风。浅水中突起许许多多的岩石，队员们的腿浸在冰冷的水中，光背在酷日下炙烤，脚下不是一滑一陷的泥泞，就是尖利的石头，一次次划伤他们的双脚。拖船的麋子皮绳湿了干，干了湿，越来越糟，越来越烂。小船一旦碰到水中的岩石，极易倾斜进水，只要失控，就会被疾流冲走，甚至触礁、翻船。

5月28日夜，劳累了一天的队员们沉沉入睡，黑暗中一头公牛浮出水面，踏着平底船蹿上岸来，对着篝火冲了过去。它的足迹离熟睡的队员的头只有18英寸不到，哨兵惊叫起来，这叫声使它吃惊不小，调转头又冲向路易斯一行宿营的棚子。转眼间它冲过四堆篝火，蹄子离睡着的人头只有几个英寸，这时大狗狂吠起来，救了大家一命，野牛被狂叫声吓得调头而去，飞快地消失在黑夜里。

队员们翻身跃起，抓起武器，人人一头雾水，不知发生

大角羊

了什么事，只有哨兵亲见这惊险的一幕。第二天早上，发现黑人约克落在平底船上的长枪被踩弯变形，船上的东西被甩得到处都是。

船队接着上路，不久经过一个水湾，那里堆积着上百具野牛的尸体，腐臭难当，大约是被淹死后冲到岸上的。狼群吃得脑满肠肥，动弹不得，克拉克用长矛就刺杀了一头狼。

又走了几英里，一条清澈的河流从南侧流入。这河水比以往见过的河水都清，河岸边郁郁葱葱，有羽叶槭、棉白杨，树下是美丽的红柳丛，盛开着杜鹃花、野玫瑰，色彩斑斓。克拉克沿河而上进行考察，眼前的美景使他怦然心动，想起心中的恋人朱丽亚，他决定把这条河命名为朱蒂斯（朱丽亚的别名）河。这是艰苦旅程中富有浪漫色彩的瞬间，此情此景为人们所热爱，这河名一直保留至今。

克拉克是性情中人，几年前他在东部的弗吉尼亚路遇少女朱丽亚，一见钟情。这一路在严酷的漫漫西部荒原上，那个清纯柔美的形象始终温暖着他的心。回东部后，他很快就与朱丽亚成婚，婚后非常幸福。勇猛如雄狮的克拉克原来这般柔情似水。他对萨卡加维亚的小宝宝也是百般呵护，视同己出。克拉克完美的人格成为凝聚人心的力量，为全队同伴所热爱。

5月31日，船队进入悬崖河岸的最后一段，两岸是浩浩荡荡、气势宏大的白色悬崖，景色非常壮观。崖岸有二三百英尺之高，几近垂直，在灿烂的阳光下白得耀眼，长年的风化融蚀，使这山崖千姿百态，像一座座城堡、一根根巨大的石柱、一道道宏伟的城墙，大自然的鬼斧神工雕塑出的惊人杰作，无一雷同，无一重复，道不尽，说不完。无数的燕子在岸上筑巢，在人们头顶上疾飞而过。

景色虽美，水情可比以往更糟糕，队员们拖着船艰难向前，苦到了极点，却毫无怨言。下午，拖白船的麻绳忽然断裂，白船差点就触礁翻船，船上的东西太重要了，路易斯事后想起来还心有余悸。

十四 难辨真假密苏里河

6月3日早晨，探险队来到两条大河的交汇处，忽然冒出一个大问题，到底哪条河是密苏里河，究竟该走哪条河？奇怪的是印第安人从不曾提到这个河叉口，如果走错了路，不仅仅是损失一个季度的时间，而且会使全队失去信心，探险归于失败。

北边的河浊浪翻腾，棕黄色的河水滚滚而来，与他们一路走过的密苏里河别无二致。而南部的河波平浪静，清澈透亮，哪像密苏里河呵！队员们几乎异口同声：当然是走北河。

两位队长却另有想法，密苏里河此时应该

密苏里河畔到处是美丽平和的
麋鹿，探险队吃了一路鹿肉

已接近源头，从山里流出来的水是清澈的。北河的滚滚浊浪，应是走过漫长的路，冲刷下一路泥沙，才成这副模样的。然而事关重大，他们没有轻易发言，而是决定考察后再做决定。

当天，探险队派出两组人分别沿两条河而上，当晚归来却未能带回足够的信息，确定哪条河是密苏里河。两位队长决定各带一支小分队分头再去考察，第二天出发，走一天半以上的路程，直到感到心中有数再回头。

6月4日到6日，克拉克一行沿清澈的南河走了13英里。

6月4日到8日，路易斯一行沿着浑浊的北河走了六十多英里。白天他们在冷雨中浇得透湿，入夜风雨依旧，上上下下没有一处干的地方。路上又陡又滑，鹿皮软帮鞋时时被仙人球扎透。6月7日，他们在高耸的悬崖岸上，蹭着悬崖边，一步一滑地艰难向前。在一处大约三十码长的窄道上，路易斯脚下一滑，差点从90英尺高的峭壁上掉下去。幸亏他一把将手中的长矛戳入地下，慢慢地攀缘到一处略为安全的地方，还没顾上喘口气，只听身后队员文德萨大喊："老天爷，我的上帝！上尉，我可怎么办啊？"路易斯回头一看，文德萨趴在那条窄道上，右半身悬空，左手左脚拼命扒住崖道，随时都有掉下悬崖的可能。惊魂未定的路易斯一边稳住自己，一边宽慰文德萨，指导他用悬空的右手抽出插在皮带上的刀子，凿出一个小洞让右脚有个着落，脱掉鹿皮鞋，使脚下不要太滑，文德萨就这样光着脚，挣扎着跪了起来，一手拿刀，一手拿枪，四肢并用爬过窄道。

河岸上沟壑太多，没法走，他们只好下到河中，在泥水中走，等河水漫到胸部时，蹚不成水，他们又只得攀到陡峭的崖岸上，用刀挖出一个个立足点，扒着一切可以扒住的东西向前移。就这样，直到很晚才停下来宿营。他们找到一处印第安人遗弃的旧棚子，白天打到六只鹿，留下最好的肉，此时这几个饥肠辘辘、浑身透湿、疲惫不堪的人，终于可以饱餐一顿烤鹿肉，躺在干燥的柳枝上，睡个好觉。辛苦没有白费，路易斯心中已定，他们走的北边这条河不是密苏里河，他以自己表妹的名字，将它命名为玛丽亚斯河。

6月8日下午5点，路易斯一行回到探险队营地，比预定时间晚了两天。按预定时间归来的克拉克正在为他们迟迟不归

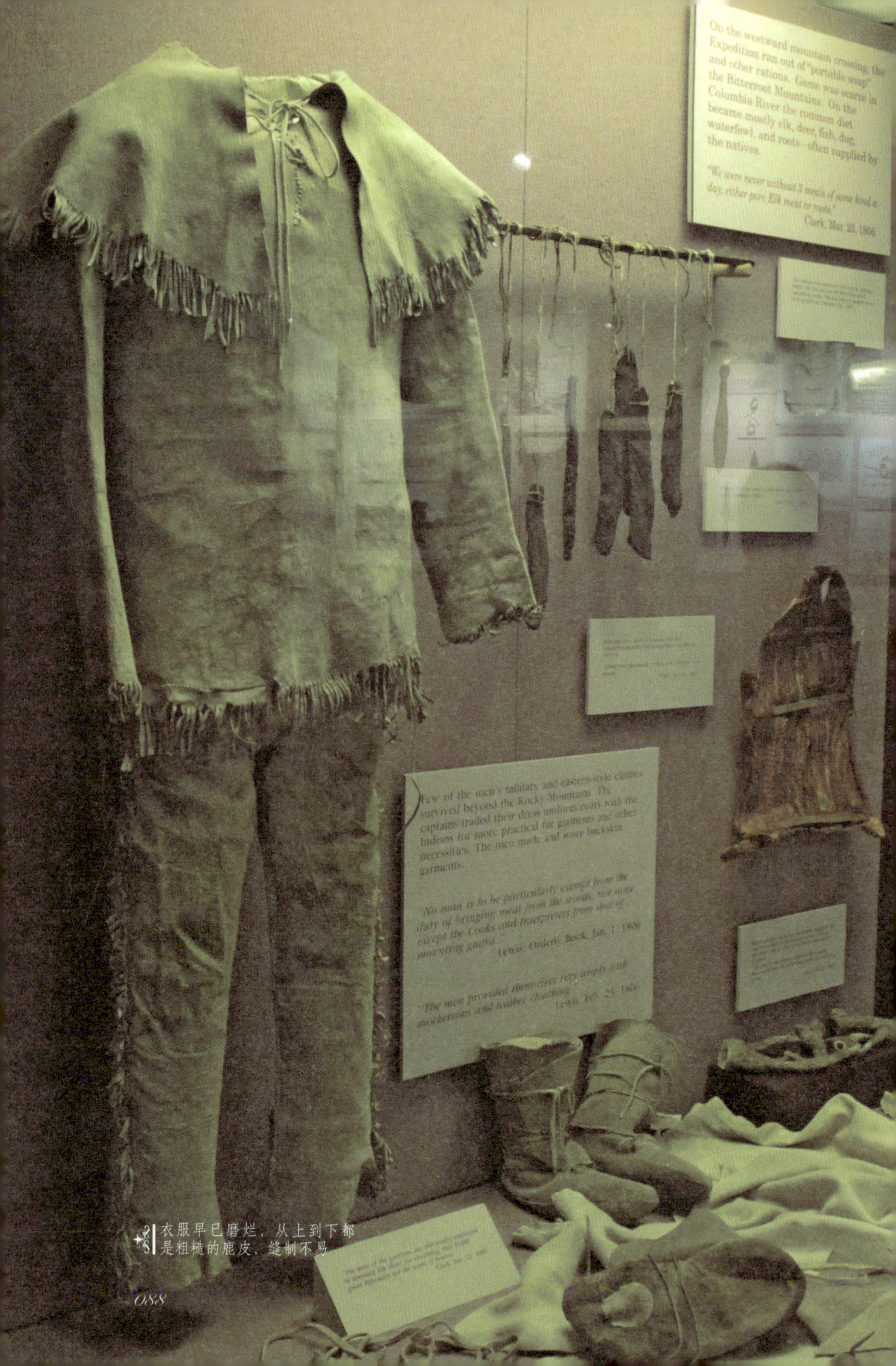

On the westward mountain crossing, the Expedition ran out of "portable soup" and other rations. Game was scarce in the Bitterroot Mountains. On the Columbia River the common diet became mostly elk, deer, fish, dog, waterfowl, and roots--often supplied by the natives.
"We were never without 3 meals of some kind a day, either pore Elk meat or roots."
Clark, Mar. 23, 1806
Few of the men's military and eastern-style clothes survived beyond the Rocky Mountains. The captains traded their dress uniform coats with the Indians for more practical fur garments and other necessities. The men made and wore buckskin garments.
"No man is to be particularly exempt from the duty of bringing meat from the woods, nor none except the Cooks and Interpreters from that of mounting guard."
Lewis, Orderly Book, Jan. 1, 1806
"The men provided themselves very amply with mockersons and leather cloathing."
Lewis, Feb. 25, 1806

衣服早已磨烂，从上到下都是粗糙的鹿皮，缝制不易

而坐立不安，见到他们归来，才放下了悬着的心。两人都有一肚子话要说，当然最核心的问题是该走哪条河。

路易斯认为他刚刚勘察过的北河过于偏北，已偏离了西去太平洋之路。而且印第安人曾告诉过他们，下面将是一个大瀑布，在接近瀑布时，河水变得清澈透明。路易斯走过的北河一路泥沙，而克拉克走过的南河，水流清澈。两位队长一拍即合，确定南边的河是密苏里河。

第二天早上，他们提出自己的看法，与全队人的意见相左。特别是队里水性最好、在密苏里河上摸爬滚打了一辈子的克鲁冉特，认定北河是他所熟知的密苏里河，全队人都很信服他。不过，他们是军人，而且热爱自己的领队，也亲眼看到为了作出这个判断，两位队长所付出的巨大努力。大家异口同声地说，如果你们决定走南河，我们一定保留自己的意见，愉快地上路，跟着领队走。

如何最终确定南边这条河就是密苏里河呢？如果往下走，能看到印第安人所说的大瀑布，就走对了。瀑布之后，密苏里河就通向大山了。路易斯和克拉克商定，由路易斯带几个人从陆上去寻找大瀑布。克拉克带着船队沿河而上。他们决定把那只红色的平底船留下来，隐藏在河中的岛屿上，还把一些沉重的行李留下。克鲁冉特很善于挖地窖，他指导全队把铁匠的风箱、各种工具、皮货、一桶盐、两桶干玉米、两桶咸猪肉、两杆枪，还有24磅弹药，分别埋在两个地窖里。不是今后不需要这些东西，但别无选择，只能这么办了。

那天晚上克鲁冉特的琴声又一次响起，这伙年轻人载歌载舞，非常开心。

6月11日早晨，路易斯不顾晚间腹泻，身体虚弱，毅然背起背包，带着四个人出发上路，去找大瀑布了。克拉克带领其他队员继续窖藏一切可以留下的东西，准备晚一天带船队从水路追随他们。

路易斯一行沿路打猎，把麋子肉清理后挂在河岸边，等克拉克的船队来取。傍晚，火上的麋子肉散发着诱人的香味，路易斯却腹痛难禁，发起高烧，无法进食，也不能再向前走了。

没带药，路易斯想起了母亲的草药。他叫人采了些稠梨的细枝，去掉叶子，切成两英寸长，在水里煮成又黑又苦的汤药，日落时喝了一些，一小时后又喝了一些。居然在此后的半小时之内，他的疼痛完全解脱了，出微汗，烧退了下去，一夜睡得很香。第二天凌晨他又喝了些汤药，继续赶路。天气晴朗，在高处可以看见积雪的落基山脉。那天他们走了27英里，猎到两只熊。

出发两天后是6月13日，天气依然很好，路易斯叫队员分头打猎，约好晚饭时在河边碰头。他独自一人沿着河往前走，继续去找大瀑布。刚刚走了两英里，就听到阵阵水声，接下去只见前方雾气蒸腾。很快水声如雷鸣般轰响，如万马奔腾，激荡着他的心，这就是密苏里大瀑布了！他加快脚步走了七英里到达瀑布前，只见飞流激越，河水轰然下落卷起千堆雪，蒸腾的水雾化作斑斓的彩虹，大瀑布高80英尺，宽300码。路易斯为眼前无比壮阔的美景所震撼，为他和克拉克选择了正确的道路而万分欣慰。作为第一个看见这一壮丽景色的美国人，他只恨自己笔拙，无力把这一切描述给东部的同胞，告诉世界。

当晚小分队在瀑布脚下宿营，路易斯心满意足地这样结束6月13日的日记："今晚我真够得上奢华享受，牛腿肉、牛舌、髓骨、椒盐烤鱼和一副好胃口……"

早晨，路易斯派出费尔德送信给克拉克，一面安排小分队的人晾晒肉干，他自己则拿起长矛长枪，沿河而上，继续考察大瀑布。在他脑子里，再向上游走几英里就应该看到瀑布尽头，印第安人曾告诉过他们，水陆联运只需半天就行。

然而开始的五英里一直是飞瀑湍流，路易斯拐过一个弯，惊奇地看到第二个瀑布，高19英尺，他在轰鸣的水声中继续向前，眼前出现了大自然的又一精美绝伦的杰作，一道宽1/4英里、高50英尺的瀑布，如果说昨天的瀑布蔚为壮观，今天的瀑布则壮美之极。

接下去是又一道14英尺高的瀑布，然后是26英尺高的另一道瀑布，一共是五道彼此分开的大瀑布。最后，路易斯终于走到瀑布尽头，风平浪静的河面有一英里宽，大群的大雁在河上和岸边的草地上觅食。尽管美景如画，但这条沿着五道瀑布的陆上路程足有十多英里，且沟壑纵横，杂树丛生，坡陡路滑，要搬运沉重的独木船，那么多行李从陆上走，好艰难啊！

往前看，西北边有一条河流过来，在此汇入密苏里河，印第安人曾提到那条河，称它为麦迪辛河，路易斯立刻决定去考察一番。

沿河向前，他眼前出现了好大一群野牛，大得见所未见。路易斯举枪瞄准，打中一条肥牛，预备在归途上当晚餐吃。眼看着牛倒下，流着血，他看得发愣，竟然忘记了必须立刻上子弹。吓人的是，一只灰熊正悄悄地爬过来，等路易斯看到它时，它已在20步开外了。路易斯本能地立刻拿枪射击，才发现枪膛里没有子弹。他迅速地扫了一眼周围，一片空旷，无处藏身，赶紧向三百码外的一棵树跑去，扭头看见灰熊正张着大口，全速追来。他又跑了80码，见熊依然紧追不舍，只得纵身跳入河中，在河里蹚着水往前奔，很快河水齐到腰部，他转过身来，用矛尖对准灰熊，只见那熊正站在离他20步远的河边，不知何故，它似乎忽然受了惊吓，扭头疾行而去。好悬啊！路易斯居然在熊掌下脱身，简直像在做梦。

他继续在麦迪辛河上勘察，直到下午六点半，再过三小时天就要黑了，要赶回营地还有12英里，路易斯加快了脚步，当他赶到麦迪辛河与密苏里河交汇处时，在他前方60码内出现了一只似猫似虎的野兽，路易斯一枪未中，它钻进洞里。此时半英里外有大群的野牛在吃草，路易斯从兽洞旁向前走了还不到三百步，忽见三只公牛离开吃草的牛群，飞速向他奔来。他没有退路，只得沉住气，迎着它们走过去。奇怪的是，这三只牛在离他一百码的地方忽然停住，上下打量着这个大胆的家伙。不知何故，它们忽然调头飞奔而去。如果这三头庞然大物向他发起进攻，当时的枪不能连发，来不及上子弹，他就绝无活路了。

路易斯感到一个人孤零零在这走兽出没的荒原上行路太悬了，本打算在上午猎牛的地方停下来歇歇脚，吃口饭，看来实在太危险，停不得。他在漆黑的夜幕中深一脚浅一脚地往营地赶，似在梦境中，但脚下扎人的仙人球又明明告诉他，这不是梦。

当他找到自己的小分队时，所有的人都以为他出了事，正在商量第二天一大早怎样分头去找他，见他归来真是喜出望外。路易斯此刻才感到乏从中来，饥饿难当，吃了同伴们做好的晚饭，可以好好睡一觉了。最重要的是，这次陆上考察了解到了大瀑布全程的情况，还勘察了密苏里河的支流麦迪辛河。

第二天，小分队等待克拉克的船队，忙着打猎捕鱼。路易斯累极了，在大树下睡得很沉。一觉醒来，发现倾斜的树干上盘着一条巨大的响尾蛇。

这几天，克拉克一行的水路也走得十分不易，船队艰难地逆流而上，处处有熊在活动，响尾蛇在人们的双腿之间，在草丛里、树上闪过。水急浪大，水中多礁石，队员们不是在石头上打滑摔跤，就是被尖利的石茬儿划伤脚。许多人生了病，长疖子，起脓包，发疹子，发烧，牙疼，浑身伤痛。大家站不住，也得站，病倒了，不能倒。一步步在水里拖着船，在船上撑着竿，慢慢向前。

最令克拉克心焦的是萨卡加维亚重病不起，自路易斯出发去找大瀑布那天她就病了，克拉克为她放血用药，并不见效。眼看着嗷嗷待哺的小宝宝，克拉克心情沉重。

6月16日下午，路易斯和克拉克终于又相聚了。找到了大瀑布，路是走对了，但是这条越过五个大瀑布的路，应该说是仙人掌丛生，沟壑纵横，没有路的路实在太长，太难走了。

不过别的先不说，救命要紧，萨卡加维亚此时病痛难当，发高烧，摸不到脉搏，呼吸不规律，手指和手臂痉挛抽搐，十分吓人。大家担心她的安危，也担忧小宝宝会失去母亲，更何况今后探险队必须要向肖肖尼人买马翻山，实在离不开这位肖肖尼妇女啊！

路易斯静下心来作全面检查，他用了鸦片、草药后，脉搏好了一些。萨卡加维亚焦渴不安，路易斯记起河流西北岸有一处硫磺矿泉水，立刻派人去把水取来，她急切地喝下矿泉水，路易斯用药膏替她擦骨盆，当晚萨卡加维亚开始见好，脉搏正常了，出微汗，烧退下去了，痉挛大大减缓，人也轻松多了，路易斯实在是个高明的大夫，大家都松了一口气。

可这时，谁也无法想象，他们前面短短十几英里的路程有多么艰难。

十五 大瀑布旁的运输苦旅

克拉克着手去勘探陆上运输的路线。6月17日，他带着人出发，一路立桩插旗，在七沟八梁间找出一条勉强能走的"路"。在跨越瀑布的陆路终点有一个多熊的岛屿，被称为白熊岛，在那里他们建立起终点营地，也称上游营地。克拉克探出的这条路线长达18.25英里，本该是走一天的路程，但后来探险队用了十多天才走过这段距离，把船只物资一样样从陆上运过大瀑布。

在克拉克出去安排路线时，路易斯带领队员们造了两个架子车，用来拖运独木船和行李。总算找到一棵棉白杨树，粗到能够截出22英寸直径的轮

密苏里河上的大瀑布，
后来建了水坝

子，这木头虽然软脆，但这是这一带能找到的唯一勉强合用的木头了。白船虽然好用，但太沉，只得拖到柳丛中藏起，桅杆拿来做成车轴。路易斯一面派人去打麋子，打算用麋子皮为他的"实验号"船架做包皮。此外大家还忙着准备下一段需要的肉食，缝补鹿皮鞋。

6月20日晚上，克拉克归来，两个人一商量，决定由路易斯带三个人去上游白熊岛终点营地完成"实验号"，也就是那个从东部一路运来的铁船架。现在需要将它组装起来，包上皮子。做成一只较大的船，取代留在下游的两只沉重难运的平底船。克拉克则负责带领其他队员，把六只独木船和所有剩下的行装从下游营地，一趟趟运到上游营地，再从那里继续水上航行。

从6月22日到7月2日，是十天苦不堪言的陆上运输。队员们艰难地拽着架子车，走过崎岖不平的沟壑，车上装着重约一千磅一只的独木船，船上堆放着行李。队员们抓住身边的草，地上的石头，铆足了劲，齐心合力，一步步向前，把车推上陡坡，绕过岩石。架子车非常简陋，笨重的木头轮子就算是在铺好的路上也难走，更何况在这么高低不平，无路可言的沟沟坎坎上。那车坏了一次又一次，人们不得不停下来，用木头做成新的部件换上。

酷暑难当，满地仙人球，野牛在雨天踩出的小道坑坑洼洼，队员们酸痛劳累的脚下，那双薄薄的鹿皮鞋时时被扎透，伤口化脓感染，疼得钻心。他们乏到在烈日下站着就会睡着，醒来又踉踉跄跄，一瘸一拐地往前走，有人中暑，有人晕过去，有人肩膀脱臼，有人被蛇咬伤，更不用提几乎令人发疯的蚊虫袭扰。就这样大约用一天时间走到上游营地，用一天时间回去，再搞第二次推运。

这一带有响尾蛇出没，灰熊时时露面，成为不断的威胁，队员们出行必须两人同行。晚上大狗整夜围着营地转，熊来了就狂吼不已，为对付灰熊的频频造访，队员们在夜里睡觉时手边必须放好枪。

倒是有件开心事，遇到顺风，队员们扬起风帆，借助风力推着车向前，省力不少。在第二次和第三次行程中就是如此，但最后一趟单程运输，竟用了四天时间，大雷雨使沟壑里涨满了水，人们被困在一片平地上。

6月29日，因为下雨路滑，架子车没法走，克拉克带着黑人约克、查伯纳两口子和小宝宝去下游营地搬运行李。路上忽然狂风大作，暴风雨袭来，克拉克四下张望，看见一道山沟里有一块大石头，下面可以避雨，就连忙带着查伯纳一家躲进去。可是转眼之间，原来干干的山沟里忽然涌进了大水。他们必须赶快往上走，查伯纳在前，攀上岩石，萨卡加维亚身背孩子走在中间，克拉克在后面，一手拿枪，一手向上推举母子俩，查伯纳在上面拽。洪水奔腾咆哮，呼啸而来，巨石泥沙轰然而下，水位飞快地上涨，查伯纳又一次吓得呆若木

鸡。克拉克把母子俩推举上去，大水已漫到他的腰部，水还在飞涨，克拉克奋力向上攀登。当他们到达沟顶时，只见沟里已全是滔滔洪水，再看看他们刚刚避雨的地方，早已被淹没。这时刚刚去打猎的黑人约克惊慌失措地冲过来找克拉克。

查伯纳丢了枪，小宝宝的衣服全冲走了，克拉克丢了队里唯一的大罗盘指南针，还有雨伞、子弹袋。刚刚大病初愈的母亲和几个月的小宝宝都浇得浑身透湿。

克拉克催着大家奔回营地，只见队里的男子汉把车扔在荒野中，不顾一切往回跑，他们被大冰雹砸得鲜血直流。那天的冰雹扑天盖地而来，砸得石头都蹦起多高，最大的冰雹直径有七英寸，这伙疲惫不堪的人赤身露体，无遮无拦，被冰雹砸倒在地，砸破头，似乎是要把这伙人活活砸死。

第二天他们看到昨天躲雨的沟里堆满了巨石，如果晚一步，这几个人就全没命了。虽然所有冲走的东西都无影无踪，居然在沟底的泥沙里发现了克拉克视若珍宝的指南针，算是意外的惊喜吧。

直到7月2日，这段苦到极点的陆路运输总算结束了。

路易斯带着好木匠盖斯、铁匠希尔兹和好猎手费尔德，自从第一批东西运到上游终点营地白熊岛后，就在那里留下来，组装"实验号"。此时全队人都加入进来，这铁船架长36英尺，里面用木头做衬，外面用28张麋子皮和4张牛皮缝合成一个大皮套子包起来。克拉克在开始勘测道路时，就注意到这一带没有松树，而缝合的皮套子需要用松脂松胶来封合接缝。无奈路易斯只得用碎木炭、牛脂和蜂蜡混合起来代替。

幸亏有大树，
可以就地取材造独木船

　　7月4日，两位队长拿出最后的酒来庆祝独立节，也庆祝探险队走过大瀑布。7月9日，"实验号"下水了，开始看着很不错，但当晚嵌缝的东西就开始剥落，船进了水，没办法，只得放弃，另打主意。

　　克拉克早就多了一个心眼，他预感到"实验号"未必能成功，一直在留意哪里有较大的树可以做独木船，发现在八英里外的地方有些可以造独木船的大棉白杨树。这会儿他立刻带上十个人出发去伐木造船，他们用了五天时间造出两只船，解决了交通工具的问题，一只船25英尺长，另一只33英尺长，都是3英尺宽。

两位队长原本打算在陆上运输结束后，派三个人回东部，带回去标本、地图、日记等等东西。但此时他们改变了计划，一是恐怕今后遇到不友善的印第安部落，他们的人不能太少。另外也担心送人回去会影响留下的人的情绪。可贵的是这一队人经过这极端艰苦的旅程，生死与共，休戚相关，非常团结。

路易斯写道："全体队员们都一致下定决心，继续探险事业，不惜为此献出生命。我们都知道我们就要进入这次行程中最危险、最困难的一段了，然而我听不到一句怨言，全队都做好了准备，以决心和毅力迎接等待着我们的艰难困苦。"

从1805年6月13日，路易斯第一次看到大瀑布到7月15日，他们又一次推船下水，已是一月有余，探险队又上路了。

十六 肖肖尼人，你在哪里？

7月15日，一早全队一片紧张忙碌，终于装好船，10点钟一切就绪，大家齐心协力向上游划去。路易斯此刻深感振奋，眼前是美国人从未踏入过的广阔天地。他竭尽全力记下首次考察报告，记下新的鸟类和动物以及西部的高山大川。开始的两天他们还看到庞大的野牛群、肥麋子、红黄紫色的熟透了的鲜美浆果。同时可以感到他们正在从一个生态地带，进入另一个生态地带。7月17日，路易斯注意到阔叶的棉白杨让位于西部的窄叶棉白杨。7月18日，他看到一大群大角羊在对面一座极高的、几近垂直的悬崖上满不在乎地走着、蹦着。这些家伙好大的本事，要知道只要一步没走好，就会从至少500英尺高的峭壁上掉下来。

　　蚊子成团成伙地袭来，分分秒秒困扰着每一个人。而真正压在全队心上的大事是：落基山下的肖肖尼人究竟在哪里？一年多以来，他们一直沿着密苏里河而上，除了在玛丽亚斯河口搞不清该怎么走，一路并不需要向导，但是穿越落基山脉，要是没有知道路径的向导可就大成问题了。再有，一旦离开小船，这许许多多的生活必需品就一定需要有马来驮，沉重的行李是绝对不可能靠肩扛手提翻越崇山峻岭的。只有一个多月的时间就要进入9月，他们必须要抢在早秋高山降雪之前翻越大山，一旦大雪封山，道路阻断，就毫无希望了。找到肖肖尼人，找到向导，找到马匹，关系到这次探险的成败，只有几周的时间，每一天都比黄金还宝贵。

　　没有人真正知道肖肖尼人对于携带着武器的一队陌生人，会有多少恐惧疑虑。这是一支非常弱小胆怯的内陆部落，靠着田野里的根茎过日子，长年饿得抬不起头来。东边的黑足人和西达萨人从白人贸易商那里交换到了枪支弹药，阻断了他们与贸易商之间的联系，更糟糕的是卡住他们，不准他们进入猎物丰盛的野牛大平原。西边是落基山的层层险峰，南面是无边的荒山和沙漠，就算有人能冒死穿越沙漠，南部的西班牙人也不会出售武器给印第安人。他们只有弓和箭，整个部落只有几条很差的枪，打不到大山里的羚羊和麋鹿。逼急了他们就冒着生命危险进入大山脚下的猎牛区域，那里的黑足人和西达萨人野性十足，又占着武器上的绝对优势，只要他们进入大平原，就毫不留情地残杀他们，迫使他们逃回人迹不通的深山老林里，终年处于饥饿状态，以此逃脱被屠杀的命运。这支受尽袭扰、孤寂凄凉的部落，看到一支队伍，脸色黑红，与印第安人别无二致，穿着粗糙的兽皮衣服，也跟印第安人一样，毫不奇怪，他们会立刻躲进深山。

　　探险队的小伙子们天天得打猎吃肉，枪声会惊吓印第安人，两位队长决定由克拉克带一小队人步行在前，去寻找肖肖尼人，这样虽然也得打猎，但枪声毕竟少多了。

　　7月19日，克拉克带小队步行出发，路易斯则带船队走水路，不管是用绳拖用杆撑，还是用桨划，都非常艰难。高耸的山顶冰雪覆盖，而河谷里的气温

印第安人离不开马，
找到肖肖尼人就找到了马

却热得让人喘不上气来。傍晚，他们驶入一条气势恢宏的河道，两边悬崖拔地而起，崖岸陡直，高达1200英尺，一切都变得昏暗朦胧。河水很深，悬崖直上直下，没有一个可以停靠的地方。船队只得向前，直到天黑后，他们才找到一块地方，将将够让全队宿营。路易斯把这不同凡响的大山入口称为落基山之门。

7月20日，高山向后退去，眼前出现了一片美丽的山间河谷，大约10点钟左右，一股黑色的烟柱在七英里外的一个水湾边升起，这几乎八九不离十是印第安人看到探险队而发出的信号，警告部落里的人赶紧撤入深山。探险队再急也没用，只能继续往前走。

7月22日，正当这一队人情绪低落、步履艰难时，萨卡加维亚认出了儿时生活过的地方，一条似曾相识的淙淙流水注入密苏里河，正是今天的河狸头河，肖肖尼人就在这条河边过夏天，前面不远是三叉河口，这个消息使全队一下振奋起来。

这天下午，克拉克的小分队回到船队，他一路看到种种印第安人的踪迹，留下一些棉麻布作为礼物，希望印第安人知道他们是朋友，而不是敌人。克拉克的脚被地上的仙人球扎得血肉模糊，疼得走不了路，只得挑开脓包坐在河边，等待路易斯的船队。尽管如此，他坚持第二天上路，接着去找肖肖尼人，克拉克更善于与印第安人打交道，路易斯同意了。

走水路依然极为艰难，船队在布满岩石的河上，一英尺一英尺地往前移。尽管劳累，路易斯照旧仔细观察一切，记录下河狸、水獭、大雁、红脯子的秋沙鸭、白腰杓鹬，还有大量的蛇，以及座座相连的冰峰雪岭，西部的地形地貌。

7月27日，他们来到三叉河口，路易斯给三条河分别命名，西南一条河是他们要走的河道，以杰弗逊的名字命名，这里是一片美丽的直径一百英里的草原盆地，周围群山环绕，河里有许多鱼，岸上有许多鹿。当天下午3点钟，克拉克再一次拖着病体回到营地。他完全累垮了，发高烧，打冷颤，浑身疼痛，而且数日便秘，路易斯给他用了泻药，用热水洗脚，克拉克依然高烧不退。

此时，萨卡加维亚外表虽然平静，内心却陡起波澜，五年前肖肖尼人的营地也正是设在这个地方。一队西达萨人袭击了他们，肖肖尼人沿河撤退了三英里，躲在一片林子里，西达萨人追了上来，杀死了四男四女，还杀害了许多男孩子，俘虏了四名男孩和包括她自己在内的剩下的妇女，往事历历在目，不堪回首。

探险队在三叉河口休整了两天，队员们忙着做皮衣，打猎，路易斯考察记录，克拉克恢复病体。7月30日，克拉克的情况见好，虽然四肢依然酸痛无力，但烧退了。船队上了路，路易斯带人从陆路走在前面。他们寻找肖肖尼人，还是不见踪影。

两位队长商定，8月1日，由路易斯带上得力干将德鲁拉德、翻译查伯纳和班长盖斯走在前面。尽管盛夏骄阳似火，道路坎坷不平，路易斯不放弃机会，一边找寻印第安人，一边记下了新发现的蓝松鸡、松鸦、各种浆果、数不尽的河狸踪迹。

8月4日，在杰弗逊河的一个河叉上，又遇到了走哪条河的问题，路易斯选择了水温较高的河流，觉得那条河多半来自大山深处，走了更远的路，他写下了指路条子挂在一根绿色的枝干上，为克拉克一行指路。没想到河狸对绿色枝干颇感兴趣，咬断拖走了枝干，害得克拉克走上了更靠西面的威斯德姆河，河窄流急，柳树遮蔽，简直走不通。直到路易斯派来的德鲁拉德找到了他们，才知道走错了路，赶紧回头。在激流中，一只独木船翻了船，所有的行李，包括两箱药都浸了水。另外两只船也进了水。路易斯正在归队途中，听到喊声，寻声而至，只见一片混乱。怀特豪斯被翻在船下，沉重的独木船从他头顶上冲过，如果水再浅上两英寸，他就没命了。

还有更令人担心的事，克拉克派山侬先行，在威斯德姆河边上打猎，现在船队不走那条河，赶紧派德鲁拉德去追他回来，可是等到天黑，德鲁拉德无功而返。路易斯命人吹号，排枪齐射，都没有回音，难道这个迷过一次路、险些丧生的小伙子，这次真的出了事？

8月7日一早，他们决定掩藏起一只独木船，因为用其他船只就够装载用剩的物资了。再者，猎物渐缺，这样可以腾出人手去打猎。队里的壮小伙们一个个病倒了，克拉克的肠胃病刚好，脚踝上又起了脓包疼痛难耐，不少人伤了腰腿，身上起泡，所有的人都筋疲力尽，河水越来越浅，越来越急，大家都极盼着不要再走水路，上岸行走，普遍情绪低落。

8月8日，萨卡加维亚再一次使全队精神一振，她认出了一个形状像河狸头的岩石小山，告诉大家，肖肖尼人就在附近不远了。

此刻没有任何事比找到肖肖尼人更重要了，克拉克脚肿得走不成，心急火燎。路易斯下定决心明天就出发，哪怕花一个月的时间，也要找到肖肖尼人。万一在今后漫长艰险的寻觅之路上出了事，他不能生还，探险队怎么办？为此他给克拉克留下了生死相托的文字。克拉克多么希望自己能够替路易斯去走这一趟，他痛苦地写道："如果我能走路，应该是我去的……"

　　8月9日吃早饭时，山侬终于回来了，路易斯如释重负。原来小伙子发现威斯德姆河不能行船，回到另一条河上追赶队伍，好在这次带足了枪弹，虽然着了大急，还算一路有东西吃，他带回了三张鹿皮。早餐后，路易斯背上背包，带上德鲁拉德、希尔兹和迈克尼尔，义无反顾地上路了。

　　这一带毕竟是肖肖尼人的驻地，路易斯一行很快就发现了印第安人的踪迹，有不少印第安小道，但走着走着，路就没了。路易斯给克拉克留下指路条，接着找寻。8月11日早上，小分队商定分三路向前走，德鲁拉德和希尔兹各走一路，路易斯带着迈克尼尔走一路，如果谁发现了印第安人，就把帽子放在枪口上高高举起。

　　他们尽可能不弄出响动，大约走了五英里，忽然间，路易斯倒吸了一口气，大约两英里外，有一个印第安人正骑在一匹马上，朝他们的方向走过来。路易斯拿出望远镜，仔细观望，这个印第安人穿着肖肖尼服装，带着弓箭，更棒的是，他骑着一匹漂亮的无鞍马。

　　路易斯大喜过望，一门心思要去接近这个印第安人，以示友好，要让他知道这几个人是白人，不是来袭击他们的印第安队伍。他以正常的速度向前走，印第安人也在走，一定是看见他们了，在双方相距大约一英里时，印第安人停了下来，路易斯也停了下来，他从背包里抽出毯子，拽着毯子的两个角，双手高举过头，抖动毯子，然后把毯子抖落在地，就好像铺开来迎接客人，这是很多西部印第安人表示友好的方式，他重复了三遍这个动作。

　　然而，毫无成效，印第安人一动不动地骑在马上，满腹疑虑地望着他们。德鲁拉德和希尔兹继续从两侧往前走，急坏了路易斯，喊又不能喊，打手势又怕吓着印第安人。他急急地从背包里抓出一把珠子、镜子和小玩艺，把枪和子弹袋扔给迈克尼尔，自己向前走。走到离对方二百码时，印第安人侧转马头，慢慢走开。路易斯大喊："塔-巴-布"这是从萨卡加维亚那里学来的肖肖尼语，其实是"陌生人、外来人"的意思，在肖肖尼语汇里没有"白人"这个词。路易斯这时顾不了那许多，打手势叫停，德鲁拉德停了下来，希尔兹没看见，还在往前走。路易斯离印第安人只有150码远了，他喊着："塔-巴-

布"，把小礼物举起来，一面挽袖子，想让对方看见他的肤色。

在距离一百码时，印第安人忽然掉转马头，给了马一鞭子，转瞬间就消失在柳丛之中。路易斯的满腔热忱像是被一瓢冷水浇得透心凉，他气急败坏地责怪德鲁拉德和希尔兹。其实天晓得该怪谁，只能再接着找吧。

继续向前走，迈克尼尔举着一面美国国旗，如果有印第安人在四周山上张望，可以看到。他们选了一片开阔地做早餐，好让各方面的人都能看到他们，前来袭击的黑足人是决不会这么干的。饭后，路易斯把一些礼物挂在竿子上，

河狸头岩石

有涂脸的涂料、珠子、鞋锥子和镜子，然后离开火堆，盼着有印第安人会跟踪而至，知道这是朋友们在向他们示意。

一场突如其来的暴雨把马蹄的痕迹冲刷干净，不过地上有印第安人挖掘根茎的痕迹，看来不远处就有印第安人的主要村落了，又走了二十英里，他们停下来宿营。

8月12日一早，他们走上一条宽展的印第安小路，停下来吃一点东西，只剩下一点腌猪肉和面粉了。河水越来越窄，变成了一条绕山而过的溪流，四个人步履匆匆，跟着溪流走，去寻找它的源头。

不久终于走到了溪流的尽头，难以想象浊浪滔滔的大河密苏里河，此时竟变成了这么一个淙淙流淌的泉眼，路易斯捧起清凉的泉水，心潮起伏，充满成功的喜悦。找到密苏里源头是多少年来他追寻的目标之一，这一天终于盼到了。几百码外就是山脉了，这里是美国新购买的巨大领土的最西部边陲了，他们正站在大陆分水岭的山脚下。大山以西，千万条河流都将归入西部大洋——太平洋。

路易斯急切地向山上走去，盼望从山顶能看到哥伦比亚河，也许是一片大平原。然而登上山顶，向西望去，眼前只见无际的崇山峻岭，顶部覆盖着皑皑白雪。从哥伦布时代以来的梦想——在遥远西部有一条穿越大陆的便捷水路，在这震撼人心的景色面前，瞬间破灭了。

路易斯连失望的工夫也没有，他们迈出翻越大陆分水岭的第一步，沿着山坡向下走。这山比起东部的大山要陡多了，大多了。走了不远，他们看到第一条西部河流，水清流急。小分队又走了十英里停下来宿营。一天都没有打到猎物，剩下的一点腌猪肉和面粉只能省着吃。

8月13日是这次探险路上的重要日子。路易斯一行一早上路，走在一条新近有人过往的印第安小路上，进入一片谷地后，忽然看见前面有两名印第安妇女、一名男子和一条狗。在相距半英里时，路易斯命令其余的人站住，他解下背包，放下枪，展开一面旗，一个人向印第安人走去，两名妇女逃走了，那名男子站在原地，路易斯高喊着："塔-巴-布"，但在相距一百码时，那名男子也掉头而去。

失望之余，他们接着在沟壑纵横的山间走，才走了不到一英里，在三十步开外，出现了出来采摘野菜野果的三名妇女，一位老妇人，带一个12岁的女孩和一个姑娘。因为沟沟坎坎遮蔽，所以走得这么近才看见对方。路易斯立刻放下枪，向她们走过去，年轻姑娘腿快，跑掉了，老妇人和女孩大概觉得自己反正跑不掉了，干脆就坐在地上，垂下头去，等待死亡。

路易斯上前扶起老太太，嘴里还是"塔-巴-布"，卷起袖子，露出白皮肤，另外三名队员也走了过来，路易斯从背包里取出珠子、鞋锥子和涂脸的涂料，送给她们，这种平和友好的态度使她们很快就平静下来。德鲁拉德通过手语转达路易斯的话，请老妇人把跑掉的姑娘叫回来，就这样逃掉的女孩子也回来了。路易斯用朱砂给她们涂脸，对肖肖尼人而言，这是和平的象征。德鲁拉德再次转达路易斯的意思，请她们把小分队带回印第安人的营地，她们也同意了。

刚刚走了两英里，只听得阵阵马蹄声由远而近，迎面疾驰而来的是60名骑着骏马的印第安武士，腰挎弓箭，还带着三条很差的枪。远远看到路易斯一行，马队站了下来，是那名逃回去的男子报了警，武士们前来救援。

此刻，路易斯一行处于绝对劣势，如果这些印第安人下手，将立刻得到的是无比珍贵的枪支弹药和东部的工业品。然而路易斯心中只有一个念头，一定要结识肖肖尼人，他把手中的枪放倒在地上，一个人拿起旗帜，嘱咐其他队员原地不动，跟着老妇人向武装的马队走去。

骑马在前的是印第安首领，他停下来，向老妇人问话，老妇人急切地向他解释，手里举着刚刚得到的礼物，紧张的气氛立刻松弛下来，首领跳下马来，武士们也都跳下马来。接下来是一阵热烈拥抱，肖肖尼语"阿西艾"即"我太高兴了。"说了一遍又一遍，这个开头实在是意想不到的顺利成功。

很快大家席地而坐，武士们脱下鹿皮鞋，这是肖肖尼习俗，意思是如果不忠于友谊，就要永远光脚。这一带遍地仙人掌，光脚可是严厉的惩罚。

路易斯点烟，传递和平烟斗，吸了几圈烟后，他开始分发礼物，肖肖尼人很喜欢涂脸的朱砂和蓝色的珠子。首领的名字叫卡米阿维特，路易斯向他解释他们此行是为友谊而来，到了营地再细谈，他向首领赠送了一面旗。

肖肖尼人的营地在莱米西河以东，全队出发回营地，派了一个年轻人赶在前面去部落里报信，准备迎接他们。

这个部落春季受到黑足人的袭击，二十名男子被杀被俘，许多马匹被掠走，所有的锥形帐篷几乎都被捣毁了，只剩下唯一的一顶皮篷子，路易斯被迎进皮篷子，坐下来解释探险队的目的，妇女儿童们挤在周围，都想看看这些上苍的子民。路易斯把剩下的礼物分发了，皆大欢喜。

天黑下来，小分队的人已经24小时没吃东西，首领很抱歉，他们除了浆果以外，什么吃的都没有，他给了白人一些浆果做的糕。对于饿得前心贴后心的人来说，这东西真是太好吃了。

路易斯惦记着下面的行程，急着去莱米西河边考察，只见水清流急，有四十码宽，三英尺深。首领告诉他，再走半天的路，这条河将与另一条更宽的河相汇，河两岸没有什么树，高耸着不可翻越的大山，水急浪大多岩石，无法走水路去"大湖"，他听说有白人在那边生活。这些信息使路易斯心情沉重，他怕首领是想留下他们做买卖，又有些将信将疑。好在肖肖尼人有不少马，后来德鲁拉德数了数，有四百来匹马，走不了水路就只能买马翻山了。

一名武士给了他一片新烤的三文鱼，路易斯满心欢喜，吃得很香。三文鱼是从太平洋远道而来，溯河而上的洄游鱼类，能吃到三文鱼，说明他们确实是在通往太平洋的河边上。

不过，路易斯是跟着印第安人走山路到此的，可是克拉克的船队如何知道他在此地，又如何找得到这里呢？他们走到哪儿了？路易斯依然满心焦虑。

十七 意想不到的兄妹团圆

在肖肖尼部落里，路易斯一面寻思怎么与克拉克碰头，一面记日记，打听西行之路的点点滴滴。而这时克拉克一行正在杰弗逊河上，艰难向前，那条河已经变成一股溪流，很窄且多岩石，一天只能走四五英里。

山这边，路易斯小分队里的好猎手德鲁拉德等人和约二十名印第安青年一起出猎，使用他们的马匹，竟然一无所获，无功而返，没有东西吃，很可怕。

首领卡米阿维特在地上画出山川河流，用土堆成山，他再一次告诉路易斯，河两岸是高山，山顶终年积雪，河岸直上直下，无岸可走，河水白浪滔天，望不到头。首领本人从未翻过山，但提到有位印第安老人知道得多一些，老人说这条河一直流到遥远的太阳落下的地方，最后消失在茫茫大湖里，那湖水很难喝。老人与住在大山以西的穿鼻印第安人有来往，穿鼻人每年都要翻山到密苏里河边去猎牛，他们从北边翻山，非常险峻。山中没有猎物，只能靠浆果充饥，一路忍饥挨饿。到处是沟壑断层，许多地方有密得过不去的林木。然而，路易斯听说穿鼻人能带着妇女儿童翻山，倒是松了口气，相信他的小伙子们也一定能过得去。

首领卡米阿维特还说，大山以西没有野牛，西边的印第安人靠吃三文鱼和根茎生活。他非常盼望能得到枪支弹药，可以生活在东部有野牛的地方，不至于整天饿得抬不起头来。路易斯则抓住时机说，只要探险队到达太平洋，然后返回美国，就会有跟踪而至的白人商贾，给肖肖尼人带来枪支弹药和各种工业品。

路易斯知道克拉克一行没有帮手就无法把沉重的行李搬过莱米西山口，他请求卡米阿维特帮忙，带三十匹马和一支队伍翻山去杰弗逊河叉口接应克拉克一行。首领应承下来，答应一早和他一起出发，路易斯太高兴了。

8月15日早上，路易斯醒来，饥饿难耐，用他自己的话说，简直活像一只饿狼。头一天只吃了些浆果饼子，哪能不饿呢？就剩下两磅面粉了，拿出一半和着浆果煮，分了些给印第安首领，对于印第安人来说，这东西真是太好吃了。

早餐后，该出发了，又出了问题，印第安武士们不肯上路，他们无法信任这几个陌生人，谁知道这是不是圈套？路易斯一边劝解动员说，如果你们不帮忙，今后也就没有白人来，武器弹药也就来不了。另一方面他深知印第安人以勇敢为最高荣誉，就激了一句："我希望这些人里还有不怕死的。"一句话激得卡米阿维特立刻上了马，号召其他人加入，有人响应，部落里的老妇人开始伤心落泪，祈求神灵保佑她们的孩子们不要上当受骗。

一共是十六名印第安人和四个白人一起上了路，其中还有三名妇女。他们翻过莱米西山口，在一条小河边宿营，只剩下一磅面粉，只好用点开水搅成稀糊糊吃，除了卡米阿维特和一名武士也分到一点点，剩下的肖肖尼人都饿着。

8月16日一早，路易斯叫德鲁拉德和希尔兹两名优秀猎手出去打猎，为了

年轻的
萨卡加维亚

不惊扰动物，他让首领嘱咐印第安青年留在营地。此举使得本来就疑虑重重的印第安人更为不安，生怕这两个白人是前去与黑足人联络。他们立刻分两组去跟踪两名猎手，为了使疑虑不再升级，路易斯没有出面阻止。

在猎人们出发后一小时，路易斯和剩下的人也动身了，走过一个隘口，只见一个探子急匆匆出现在山谷里，首领一愣，路易斯一惊，万一真有黑足人在这一带活动，那可真是有口难辩了。结果他是来报信的，德鲁拉德打到一只鹿。

所有的印第安人闻风而动，疯狂地策马向前冲，路易斯到达时，看到这群饿到极点的人一个个嘴边挂着鹿血，手里抓着肠子肚子，一边往外挤脏东西，一边往嘴里塞。不管怎样，他们只抢食德鲁拉德扔掉的东西，并没有去碰鹿肉。路易斯把鹿后腿留下，其余交给卡米阿维特给大家分。这些人顾不上生火烤肉，生着往下吞。

接着赶路，又传来好消息，德鲁拉德猎到第二只鹿，疯狂的一幕再度重演。路易斯开始生火烤肉，德鲁拉德带回第三只鹿，路易斯留下四分之一，其余的都给了印第安人，他们是何等的兴高采烈，能够吃肉吃饱是多大的福分啊。希尔兹打到一只长角羚，当天的伙食不成问题了。

接近杰弗逊河上的河叉口了，路易斯告诉印第安人前面就是与克拉克碰头的地点。卡米阿维特坚持叫停，把肖肖尼人的披肩围到白人肩上。路易斯恍然大悟，这就是说如果黑足人埋伏在河叉口，远远看来这些白人也跟印第安人一个样。他立刻摘下头上的船形帽给卡米阿维特戴在头上，其他队员也把自己的帽子扣到印第安人头上，路易斯叫一名武士举着旗，好让克拉克的队伍能够看见。然而在离河叉口几英里处，路易斯的心沉了下来，克拉克一行尚未到达。他真怕这一队顾虑重重的印第安人会立刻甩手不干，扔下他们躲入深山。

情急之下，路易斯把手中的枪交给卡米阿维特。换言之，如果有黑足人出现，你可以用枪自卫，如果我欺骗了你，你可以对我开枪。路易斯叫其他队员也把枪交了出去，这种坦荡无畏、无可置疑的举动，使这队如惊弓之鸟般的印第安人安静了下来。

下一步怎样才能留住肖肖尼人呢？路易斯急中生智，想起自己曾在河叉口给克拉克留下一个指路条，他派德鲁拉德和一名印第安人一起去取回条子，对卡米阿维特谎称那是克拉克留下的条子，要他们在河叉口等候，船队正从下游往这里走，就要到达。其实他可是真不知道克拉克现在何方。

路易斯接着提出派德鲁拉德去找克拉克，建议派一个印第安人一起去。一切光明磊落，立刻得到首领的同意，一名印第安人自告奋勇，路易斯赠送刀子和珠子以示感谢。

队伍中已有怨言，埋怨首领无缘无故把他们带入这危机四伏的境地。此时枪支已在印第安人手里，路易斯是拼着身家性命，在为探险队谋出路。他故作轻松愉快状，告诉印第安人，有个印第安妇女萨卡加维亚和探险队在一起，还有一个卷头发的黑人。这些终年生活在大山里、朴实单纯的印第安人感到非常新奇，倒要见识见识。

入夜，路易斯和卡米阿维特并排躺下，却辗转难眠，他早将个人的生死置之度外，令他惴惴不安的是"探险事业的命运此刻就维系在这些像风一样变化莫测的土著身上。"

第二天一早，天还没亮，路易斯就把德鲁拉德和印第安人送上了路。早餐是头一天剩下的一点点肉，挥之不去的饥饿感像阴影一样困扰着这一队人。大约9点钟左右，有个前去打探的人回来报信说白人来了，肖肖尼人一片欢欣，路易斯长舒了一口气。

这一天是8月17日，距路易斯8月9日离队出行的日子只有8天，一大早，克拉克和查伯纳、萨卡加维亚就步行出发，在前面寻找路易斯和肖肖尼人的踪迹。船队跟在后面，这一路水急且冰凉刺骨，队员们拽着独木船蹚水，腰腿酸痛。河狸在小河上筑成一道道小水坝，他们得要一次次停下来，凿开通道。寒冷的高原地带连柴火都很难找到，生存不易。谁也不知道路易斯一行现在何方，好在有一天看见挂在河岸上的四张鹿皮，知道是路易斯他们留下的。

忽然走在河边的克拉克看见前面一百码开外的人，萨卡加维亚开始用各种表示欢乐的姿态跳起舞来，她急转身向克拉克指着几个正在策马而来的印第安人，一边激动地用嘴吮吸手指，这是手语："我的亲人的部落，哺育了我的人民，肖肖尼人。"克拉克很快认出那两位穿着皮衣的骑手中有一个是德鲁拉德，他立刻兴奋起来，路易斯成功了，不仅找到了肖肖尼人，还找到了马匹！

后面的船队忽然听到前面不远处传来了印第安人的歌声，心中猜想着：发生了什么事情？他们尽快向前划，向前拉，紧接着肖肖尼人骑着马，穿过树丛，过来打招呼，这是何等激动人心的一刻啊！

走在前面的萨卡加维亚一步步接近迎面而来的肖肖尼人，忽然一名妇女从人群中冲了出来，她叫跳鱼，五年前和萨卡加维亚一起被俘，她跳过一条溪流，从西达萨人那里逃掉了。此时一眼认出了萨卡加维亚，跳鱼简直不敢相信自己的眼睛，两个十几岁的女孩子意外相逢，相拥相泣，泪如泉涌。原来这些人竟是与萨卡加维亚同一部落的肖肖尼人。

下午四点钟，双方开始会谈，萨卡加维亚被叫来当翻译，她把肖肖尼语译成西达萨语，查伯纳把西达萨语翻成法语，拉比奇把法语译成英语。

萨卡加维亚坐了下来，只觉得眼前这个人怎么这么眼熟，原来首领卡米阿维特竟是她失散了五年的哥哥。她猛地跳起来，叫着哥哥，冲了过去，张开披毯拥抱他，又一次泪如雨下，卡米阿维特也深深地激动着，会议暂时中断，兄妹俩只说了几句话。卡米阿维特小心地把话留到会后，凄苦难言的是，萨卡加维亚全家都死了，只有一个兄弟和大姐的儿子还活着。萨卡加维亚接下去做翻译，时不时流泪哽咽，泣不成声。

这次意外的重逢在一瞬之间拉近了两个完全陌生的人群之间的距离，史学家称"美国历史上最伟大的巧合"。两位队长又开始了雄辩滔滔的讲话，给人的印象似乎是他们远道而来就是要为肖肖尼人获得武器弹药开辟道路。但是如果没有肖肖尼人的马匹和向导，他们也就无法到达目的地。他们请肖肖尼人放心，探险队将用交换的方式换得马匹，肖肖尼人吃不了亏。他们越帮忙，贸易商来得越快，他们也就能越早得到枪支弹药。

肖肖尼人非常渴望立刻就得到枪支弹药，但西去的旅程尚未完成，探险队不可能把枪给他们，卡米阿维特深感遗憾，但他表示：他的人民将像以往一样生活下去，直到白人兑现诺言，带着武器回来。眼下他们没有足够的马把这么多的行李运过莱米西山口，他准备第二天早上翻过山口回村，找人马来帮忙。路易斯和克拉克盼的就是这个承诺，无怪他们把这个转变了探险队命运的营地命名为"幸运营地"。

讲话结束后，两位队长开始分发礼物，给了卡米阿维特一枚和平徽章、军服、衬衣、军裤、烟草，另外给了两位副首领徽章、衬衣、长裤、手绢、刀子和烟草，给其余印第安人锥子、刀子、珠子、镜子、涂脸的涂料。这些与世隔绝的肖肖尼人看到每一样东西都兴奋不已，对探险队的一切都赞扬有加，黑人约克更是成了注目的中心。更叫所有人高兴的是猎手们带回四只鹿、一只大角羚。

饱餐一顿之后，他们又一次请卡米阿维特讲讲翻山之路。看得出首领的态度诚恳，前路确实艰险。他们决定由克拉克亲自去考察印证一下，带上萨卡加维亚、查伯纳和十一名队员先去肖肖尼营地，在那里由萨卡加维亚和查伯纳带着村里的印第安人和马匹赶回来，帮着留下的探险队员搬运行李过山。克拉克则带上十一名队员去实地查看河流情况，带上工具，如果河流可以行船就找大树做独木船。

路易斯则带着留下来的18名队员把多余的行李和全部独木船隐藏起来，一边买马，驮上非带不可的行李翻山去与克拉克会合。

8月18日，路易斯买到三匹马，两匹给克拉克，这样他们就不必扛行李走崎岖的山路，路易斯留下一匹打猎，驮猎物用。双方都觉得很值，路易斯换了三匹马，只用了一件军服、一条裤子、几块手绢、三把刀、一些小玩艺，加在一起在东部也就值20美元，当然这千辛万苦的旅程就是算不清的运费了。

两个副首领看着卡米阿维特穿得那么神气，心里有气，克拉克又拿出几件旧外套送给他们，路易斯允诺如果他们卖力气帮助探险队翻山，他还会给他们更多的礼物。

克拉克一行上午10点钟出发了，带上了大多数印第安人帮忙运东西。两名副首领，跳鱼和另一名妇女留了下来和路易斯的分队在一起。路易斯带着大家晾晒东西，把生皮浸入水中用来割成皮绳捆行李，开始打包。德鲁拉德带回一只鹿，另一人捕到一只河狸，还有人张网捕鱼，队员们忙着挖窖藏东西，拆木箱，锯桨，用木料做成二十个马鞍。

1805年8月18日是路易斯31岁生日，按理说他年纪轻轻已担任过美国总统的秘书，现在又主持这么一项举世瞩目的探险事业，应该说是踌躇满志，颇有作为了。但他并无半点沾沾自喜，反而觉得自己一生已过去一半了，许多时光虚度，对人类的幸福和知识进步的贡献甚微，在日记里他痛下决心表示今后要加倍努力，"迄今为止我是为自己活着，今后要为人类而生活。"路易斯和克拉克是两个在独立战争的激情岁月中长大的青年，他们充满了为人类幸福献身的精神，不仅信奉，而且身体力行，一路上以这种精神感召这一队同时代的热血青年。没有这种巨大的精神力量，根本无法解释他们为什么能超出人体负荷的极限，不惜以生命为代价去走这么一条常人无法想象的西进之路。

克拉克一行跋山涉水来到大陆分水岭以西的肖肖尼村落，在那里雇了一名印第安老人作向导，考察水路。同行的卡米阿维特、查伯纳和萨卡加维亚在印第安村落里召集了五十名肖肖尼人回头去帮路易斯搬行李。

8月22日，卡米阿维特和查伯纳夫妇再次翻山，带队回到幸运营地。这一队人风尘仆仆，饥肠辘辘，路易斯赶紧召集会议，分发礼物，给两位副首领的自然更多更重。会后准备了玉米和豆饭招待，印第安人可怜，很少能吃到这么好吃的东西，路易斯给了卡米阿维特几块南瓜干，他吃得津津有味，声称除了萨卡加维亚给他的一点糖之外，这是他吃到过的最好吃的东西。

队员们张网捕到528条鱼，路易斯把绝大部分都送给了印第安人。他们既无渔钩渔线，又无渔网，只能用粗糙的骨制矛头来叉鱼，看到一下子捕到那么多鱼，自然觉得简直是奇迹。趁着这股高兴劲儿，路易斯又换到五匹好马。当天有一队去密苏里猎牛的部落路过，又换了三匹马给他们。铁匠在曼丹村打造的战斧，对于还在使用石器的印第安人真是太稀罕了，甚至换到一头骡子，在山道上骡子比马可强多了。

这下路易斯的队伍有了9匹马，1头骡子，他需要25头牲畜，但搞不到那么多，只好由肖肖尼妇女帮着扛行李。8月24日早上，探险队和一群印第安男男女女牵着牲口，肩扛手提走上了翻越莱米西山口的西去之路，留在身后的是伴随他们一路的独木船和部分行装，前面是高耸入云的群山。

上路的第二天查伯纳无意中提起，肖肖尼人的猎牛队伍正在从山以西的村子里往东走，不久就会与他们碰头，碰头之后卡米阿维特就要带着他的村民加入他们一道去东部猎牛。路易斯闻言大惊，原来萨卡加维亚听到他哥哥和几个肖肖尼青年商量此事，一早就嘱咐查伯纳把消息告诉路易斯，查伯纳呆头木脑，不以为然，拖到半晌午才说，吓人一跳。这就意味着探险队连人带行李会被撂到干旱的高山上，在通往莱米西山口的半路上，不再有几十名印第安妇女帮着扛行李，也没有认路的向导。

路易斯心急火燎，立刻把几个首领召集来开会，痛陈利害。他声称如果这样，探险队只能打道回府，从此也就不再有白人来了。"你们不是答应帮忙了吗？怎么打算把我们扔下，去东部猎牛呢？"印第安人低下了头，两位副首领这几天得到不少礼物，心存感激，干脆把责任都推到卡米阿维特头上。

一向友善的卡米阿维特却一直沉默不语，他的人民在挨饿，现在正是猎牛季节，要赶在西达萨人驱赶他们之前搞些肉食，而此地离野牛地带也就只有一天的路程。

从长远看，他的部落渴望得到枪支武器，回到大平原上去过狩猎生活，不能得罪这些从天而降的白人，错过或许是改变部落命运的机会。但是眼下那一切又都是空头支票，而饥肠辘辘的男女老弱，嗷嗷待哺的孩子，他怎能不管呢？沉默良久，他终于同意信守诺言，派了一个青年赶回去，通知部落里的人暂时不动。

路易斯何尝不知道，他当然明白肖肖尼人也得吃饭，那天只打到一只鹿，他命令给了妇女儿童，自己饿着没吃晚饭就睡下了。

这支拖着沉重行李的队伍一共走了两天，8月26日晚上到达一个有32间草棚子的印第安村落，队员考尔特已经带着克拉克的信在等候他们了。克拉克走了很远的路，仔细考察后，放弃了任何走水路的希望。对于路易斯，这是意料之中的事，那么唯一可行的西进之路就是翻越落基山的崇山峻岭了，迫在眉睫的大事是买马。

这次买马不太顺利，肖肖尼人原来有很多好马，但大都被黑足人掠走，卡米阿维特很为难，而印第安人知道这一队白人要翻山非买马不可，也就抬高价码。路易斯的另一件大事是找向导，卡米阿维特告诉他那位陪同克拉克的老人知道得比谁都多，他肯定愿意带路。

8月29日，克拉克考察完毕回到印第安村落，一阵讨价还价，他们一共买到29匹马。枪支再宝贵，最后克拉克也不得不允许一名队员用他的毛瑟枪、刀子和子弹去换回一匹马。

8月30日，探险队与肖肖尼部落告别，印第安人尽管急着要去密苏里猎牛，还是礼貌地等待白人一切就绪，最后互道珍重，各奔前程。

出发前打到三只鹿。加入这一队人的印第安向导被大家叫作老托尼，还有他的三个儿子和另外一名印第安人。虽然老托尼只有过一次翻山经验，而且是多年前了，但他应承下这份苦差事。带队向北走一条非常艰险的路，沿途没有什么猎物，但每年都有印第安人从西边哥伦比亚河谷经那条路翻山去大平原猎牛，因此，这也成为探险队唯一的选择。

克拉克仔细看看马群，几乎全有腰伤，有几匹病弱，还有小马驹，这些马不习惯驮行李，更驮不动大行李，但别无他法，只能如此了。没有人知道前面令人心神震撼的大山里，怎样的命运在等待着他们。

十八 落基山脉的冰峰雪岭

高耸入云的落基山脉纵贯北美大陆，是北美洲的"脊梁骨"，广袤而缺乏植被，印第安人叫它石头山，英文名ROCKY（石头）由此而来。巉崖如锯，高耸入云，山套山，岭连岭。巨大的山系分裂成许多条山脉，有名称的就不下39座。探险队走的是美国最北部的两个州，今天的蒙大拿州和爱德荷州交界处的苦根岭。这一带至今仍然人迹罕至，边远荒凉，水流纵横交错，沟壑断层相交，是史学界最难准确定位、争议不休的一段路。

落基山脉，冰峰雪岭，云遮雾盖，横亘在西去的路上

  他们8月底上路，沿着山一直向北，有时不得不用斧子开路，满山乱石嶙峋，在又高又陡的坡上不断上上下下，马匹随时都有滑下去的危险。几个印第安人不久就不见了踪影，万幸的是老托尼和他的一个儿子没有走。

  9月3日，雪花飘落，转而雨雪交加，找不到印第安小径，马匹一路打滑跌跤，山里除了偶有几只松鸡，别无猎物，最后的腌猪肉也吃光了，夜里冷风嗖嗖，穿透湿淋淋的衣服。

  9月4日，探险队走下极陡的山坡，来到苦根河畔，这是一条向北流淌的河。没想到在那里居然遇到一队印第安人，有四百人之多，至少有五百匹马，是西北部的萨利士人，他们和肖肖尼人结盟，正要去三叉河口与卡米阿维特的部落会合，有老托尼沟通，与他们打交道就容易多了。

  萨利士人很有人缘，诚实友善，慷慨大方，尽管他们像探险队一样缺粮，还是把自己仅有的浆果和根茎拿出来分享。跟他们交换马匹比跟肖肖尼人要来得便宜。探险队一下子又买下和用病弱的马交换来13匹马，其中有7匹很神气，他们现在一共有了将近39头牲畜，包括3匹小马、1头骡子，用来驮行李，骑，实在饿极了，还可以杀来吃。

9月6日早上，队员们忙着调整行装，给新买来的马驮上行李。下午时分，他们与萨利士人分手，走了十英里停下来宿营，除了两只松鸡、一点浆果，没有东西可吃，面粉没有了，只剩下一点玉米和从费城买来的固体汤，那东西实在倒胃口，难以下咽。

以后的三天秋高气爽，走在苦根河畔，行程相对容易一点。连着三天他们每天都能走二十多英里，这片宽阔的河谷是整个落基山脉中最美丽的地带之一。眼前群峰突起，白雪覆盖的山顶在阳光下熠熠生辉，或绝壁如削，或巨柱擎天，巉崖嶙峋，气势雄浑，野性四溢，这支小小的探险队置身其间，显得如此渺小，如此微不足道。盖斯班长写道："这是我见到过的最吓人的大山，是我们必须要翻越的巨大障碍，可是谁也想象不出怎么才能翻越。"

三天后，一股从西面流来的河水汇入苦根河，老托尼告诉他们沿河西行就能到达翻越苦根山的罗罗小道，从那里令人胆寒的登山之路就要开始了。沿着河流向西又走了两英里，这队疲惫的人在河边宿营，路易斯和克拉克决定在这里稍事休息，打打猎，希望能打到些猎物，准备登山，马匹也得歇歇脚，衣服鞋子也少不了缝缝补补，队员们的破衣烂衫真不知如何能够抵挡高山上的彻骨严寒，这个营地被命名为"旅行者栖息地"。

老托尼还告诉他们，从这里有一条近路通往离落基山门不远处的密苏里河，只有四天的路程，可是探险队从落基山门走到这里用了整整53天！

9月10日一早，路易斯出发去打猎，带回四只鹿、一只河狸和三只松鸡。更叫人高兴的是考尔特带回从大山以西过来的印第安人，他们在追盗马贼。既然他们能翻山到此，说明这山是过得去的。据印第安人说，只要走六个白天五个晚上就能到达山下的哥伦比亚平原，他们有亲戚住在那里，虽然探险队后来走了远不只五天，但这消息当时真是鼓舞人心。

9月10日到11日，两匹马走失，那三位过路的印第安人中有两个吃了点东西就急急地赶着去追盗马贼了。其中一个人本来打算给探险队当向导的，由于找马耽误了太长的时间，他等不及就走了。

从9月12日起，西行之路上最艰难的历程开始了，被称为"恶梦之旅"。他们离开旅行者栖息地，开始走在一条看得挺清楚的路上，后来成了小径，而且遍地落木倒树，几乎无法前进。山崖陡峭，乱石满坡，上攀惊险，下行不易，深谷沟壑中横梗着无数倒树，树下荆棘丛生，人畜每前进一步都费尽力气。

9月14日，天开始下雨，雨又变成了雪，还夹着冰雹，风雪中看不清道路，令人恐惧的是老托尼迷了路，猎手们打不到任何东西。这些几乎冻僵、腹中空空、精疲力竭的人，在风雪中瑟瑟发抖，不得不杀了一匹小马，有肉吃是何等的好啊。

9月15日，探险队沿河向西走了四英里，老托尼明白自己走错了路，带着大家向又高又险的文德沃山攀登，几匹马滑下坡去，那匹驮着克拉克小桌子的马从山坡上滚下去40码，直到被一棵树截住，小桌子撞得粉碎，马居然没有受伤。

好在那天傍晚终于走上了正路，队伍在七千英尺高的山脊上，找不到水，就用雪水把头一天剩下的马肉煮汤喝。一天只走了12英里，展望四周，全是又高又陡的群山。

9月16日是最惨的一天，早上醒来全队被两英寸的雪盖住了，漫天皆白，一整天风雪交加，积雪六到八英寸。克拉克写道："我一辈子从来没有这么又冷又湿过。"早上什么都没吃，他们空着肚子，在刺骨的寒风中翻山越岭，鞋袜早已破烂不堪，有些人只好用破布套在脚上，一路磕磕绊绊。克拉克的脚以前被仙人掌扎烂，还在感染，现在只有一双薄薄的鹿皮软帮鞋，早已冻僵了，步履艰难。那天两位队长又下令杀了一匹小马，队员们吃上马肉，感觉好多了。

9月17日早上，发现马匹耐不住饥饿，夜里跑出去找草吃了，用了一上午才把它们找回来。那天只走了十英里，在一个水塘边宿营，只打到几只松鸡，没办法，不得不杀了最后一匹小马。

怎么办？连回头路也走不得，山高水远，人弱马乏，绝没有走回去的承受能力，只能咬着牙往前走，希望尽快走出大山。没有猎物，没有吃的，全队处于体力和精神彻底崩溃的边缘。

两位队长商量，第二天一早由克拉克带六名猎手赶在前头，打点猎物送回队里。这是生死未卜的一次分别，在这莽莽的大山里，在饥寒交迫之中，他们决不愿意分开，但又不能不分开。

第二天一大早，克拉克一行见亮就出发了。路易斯带着大家把剩下的马肉做了早饭，队员维拉德的马走失了，他得出去找马。全队8点半出发，走了18英里在一处陡峭的悬崖边上宿营，维拉德下午归队，无奈没有找到马。路易斯分发了固体汤、一点熊油和20磅牛脂蜡烛给大家。虽然饿也不能杀驮马，运行李离不开它们。走得那么苦，肚子里又没食，所有的人都非常虚弱，浑身起泡疹，腹泻。

9月19日的太阳升起后，路易斯带队走了六英里，到达今天的舍曼峰，眼前豁然开朗，出现了一片向西南方延伸的广阔平原，这真是绝处逢生，令人欣喜若狂。看来平川在60英里之外，老托尼保证明天能走到山边。

然而最后的山路却艰险到了极点，走在悬崖边上极窄的岩石小道上，一旦人马跌下去，必是粉身碎骨。有一匹马带着驮子滚了近一百码，坠入河中，

山谷中一片秋色，
高山上却终年积雪

123

大家都以为那马必死无疑，谁知卸下驮子，它竟奇迹般地站了起来，只受了点儿轻伤。

第二天，9月20日，刚刚走了两英里路，人们眼前一亮，一大块马肉就挂在前面，是一匹马的大部分。原来克拉克遇到一匹走失的印第安人的马，杀了留给他们的。看来不远处大约就有印第安村落，令人欣慰。克拉克留下条子，说要尽快去平原打猎，在前面等待大家。

一阵狼吞虎咽，小伙子们饱餐一顿马肉，饥情大减。糟糕的是一匹驮着路易斯全部冬衣和各种物资的马这时不见了，只得急忙派人去找。

再往前走，依然路难行，虚弱的队员们一路跌跤，摔得很重。傍晚宿营下来，只能省着吃些马肉，剩下的不多了。尽管坐在篝火旁，他们还是又冷又饿，精疲力竭。路易斯居然还有精神写他的日记，记录西部红杉、浆果、鸟类，当然是希望这日记有一天能回到东部世界，此情此景怎能不感动周围的人呢？

9月21日上午，为了把马赶拢集中，一直折腾到11点才出发，他们来到遍地落木倒树的河边，一步步向前移。晚上在一片很小的空地宿营，那里的草勉强够马吃。猎手们带回几只松鸡，路易斯打到一只草原狼，抓到一些淡水螯虾，加上剩下的马肉，吃得还算不错，只是不知道下一顿饭在哪里。

9月22日一早，又有一匹马丢了，直拖到11点半才上路，但是无论如何这一天他们走出了大山。才走了两英里半，迎面来了克拉克派来的费尔德，带着个大口袋，里面装满了三文鱼干和印第安人用块根做的面食，饥饿的队员们一片欢呼。七英里外有个印第安村落，朴实的土著友好地接待了克拉克一行，这些宝贵的食物是印第安人送给他们的。大家停下来一个半小时，大吃三文鱼和面食，放马去吃草。

当天下午5点钟，他们来到一个有着18个棚户的村落。从旅行者栖息地到这里是160英里，走了11天。路易斯提笔写道：终于翻越落基山脉，再次踏上平坦肥沃的土地，深感胜利的喜悦。在这里，我们有理由期盼能够找到填饱肚子的东西。同时，探险的最终成功有了希望，令人欢欣鼓舞。

十九 西部大河上的惊涛骇浪

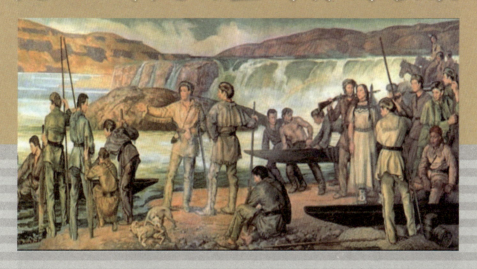

1805年9月下旬，这一队九死一生的人跌跌撞撞走出崇山峻岭，在他们最虚弱，最需要帮助的时候，遇到了住在大山脚下的一个印第安部落，善良坦诚的穿鼻人。

穿鼻人沿清水河和斯奈克河居住，捕捞三文鱼，在山中草地上采集卡马夏植物的球茎。一年一度，天气好的时候他们派人从小路翻过大山去东边捕猎野牛，探险队就是从那条路上刚刚走出来的。

部落里绝大多数人平生第一次见到白

斯奈克河上的
湍急瀑布

人。按照流传下来的故事，当穿鼻人第一次见到克拉克和他的六名队员时，只见这几个人狼吞虎咽，吞下许多根茎和鱼干，虚弱的肠胃承受不了，他们一下子全都病倒了起不来。

首领和部落里的人商量，如果把这几个人干掉，夺过他们手中的武器弹药以及携带的工业品，他们就不用再受有枪的邻人的欺负，可以壮起胆子去东部打野牛。更何况白人带来的各种工业品可以使他们一夜之间拥有任何别的部落都没有的好东西。

这时，村里一个病得奄奄一息、正在弥留之际的老妇人为这几个远方来的陌生人说了话。老妇人年轻时曾被黑足人掳走，卖给加拿大的一位白人商人，她和他共同生活了几年，在白人商人中间过日子，这些人待她比黑足人好多了。她后来设法回到自己的部落，多年来常常给大家讲那些远方的故事。现在她出来干涉了："这些人帮助过我，不要加害于他们。"

　　如果真有此事，克拉克他们实在是一无所知。他在9月22日下午回到队里，一起来的是穿鼻人的首领拧花头，一个开朗快乐、六十来岁的汉子，一看就是个诚实厚道的人。拧花头在一张白麋子皮上画出了通向西部的地图，说是需要走经过五个晚上的路程就到哥伦比亚河了，再走经过五个晚上就到达哥伦比亚瀑布了，有白人住在那里。虽然知道印第安人总是过于乐观，但下面的路总不至于太遥远了。

　　尽管克拉克有先见之明，早就叮嘱他们万不可猛吃，但说来容易做来难，小伙子们很快就吃得上吐下泻，成了一队病人，路易斯病得特别厉害，倒在那里起不来。在队员们的要求下，又杀了一匹马，吃上马肉大家太开心了。克拉克尽管自己也病得很厉害，还是撑持起全队的事情，当务之急是要找到大到足以做独木船的树，否则哪儿也去不了。

　　克拉克把营地移到清水河北河叉，那里有足够大的黄松木可造独木船。人都在生病，斧子也不够，拧花头首领教他们用文火烧掉树干的中心，用了十天的工夫完成了四大一小，共五只独木船。拧花头还答应陪探险队走一程，并替他们照料马群，直到第二年春天他们归来。

　　队员们把马鞍和一桶弹药窖藏起来，给马匹烙上印记。10月7日下午3点钟，一切就绪，他们终于又一次坐上水路。这是西进路上第一次走顺水，然而水急浪大，到处是激流险滩，顺水并不顺，第一天他们走了二十英里，前面的目标是太平洋。

　　三条大河：清水河、斯奈克河和哥伦比亚河是探险队奔向太平洋的必经之路。正如路易斯早已预料到的，这一路由落基山脉高原向海平面走，必然会有大小瀑布，激流不断。一路生态变化极大，开始行驶在干旱的高原上，几乎寸草不生。沿海的喀斯客德山脉阻断了湿润的气流，直到穿过山去，进入哥伦比亚下游河谷，才看到一片充满生机的绿色天地，山上树木葱笼，河上百鸟群集。

　　10月7日到10月10日，小船在清水河的激流中穿行，老托尼终于受不了这份惊吓，上路第二天夜里，带着儿子牵走了两匹马，返回家乡了，连报酬也没有拿，使路易斯和克拉克感到极不过意。但是他的足迹却留在了美国史上，没有这位勇敢的印第安老人就没有这次西部探险的成功。拧花头和另一名穿鼻人首领这时加入了探险队的行列，送他们一程。

路易斯病了两周，渐渐恢复，又像以往一样活跃了。两位队长别无选择，眼看着小船在漩涡中危险异常，只能硬着头皮往下游冲。10月10日，挖凿的独木船在岩石间翻船搁浅，开裂漏水，冲走了一些宝贵的交换物资和生活用品，幸运的是不会水的队员被救出险境。这一天他们来到清水河注入斯奈克河的入口，队员们从当地印第安人那里买来狗和鱼干，尽管对于美国人，吃狗肉颇为大逆不道，不过他们管不了那么多了。

斯奈克河奔向哥伦比亚河，沿河有许许多多印第安村落，依然是穿鼻人的支系，拥有比其他任何部落都更多的马群，他们是唯一选育良种马的印第安部落，主要食物是鹿和麋子，还有大量的三文鱼。斯奈克河与哥伦比亚河里的三文鱼比世界上任何河里都来得多。穿鼻人很友善，特别是两位印第安首领专门走在前面打招呼，打起交道就更容易了。身背幼儿的萨卡加维亚简直就是化解印第安人疑虑的和平使者。探险队尽一切努力维持好关系。队员们情绪高昂，晚上在篝火旁克鲁冉特拉起小提琴，印第安人高兴地看着他们跳舞，也加入进来跳自己的舞蹈。

这支队伍一路上从不动印第安人的一草一木，不过有一次例外，10月14日晚上，在一个没有树的岛上宿营，天气很冷，他们拿了印第安人的一些劈好的木头取暖。

10月16日，他们来到斯奈克河与哥伦比亚河交汇的河口，在那里宿营了两天。克拉克沿河考察，河里的三文鱼多得惊人，大都是产卵后濒临死亡，没法吃。有个说法：在当年的哥伦比亚河上，你可以踩着三文鱼背过河。河水至清，不管多深都一眼见底。沿河的印第安人有许多独木船，吃三文鱼，卖三文鱼，甚至用三文鱼做燃料。克拉克看到一片河岸上晾着大量的三文鱼，他估计有一万磅之多。队员们吃鱼吃倒了胃口，只得向印第安人买狗，吃狗肉，这一路至少买了250只狗。

　　他们就要进入新的契努克印第安人的领域，这支印第安人与穿鼻人处于交战状态。10月23日，拧花头告诉他们下游的契努克人正准备干掉这队人，队里加强了戒备。两位首领感到生命安全没有保障，他们也听不懂契努克语，不再能当翻译，所以在10月24日提出要离队回家，两位队长希望有机会在印第安部落间进行调解，劝他们再留两天。

　　这一带的印第安人多是深谙水性，风浪里驾船的好手，他们制做极为精良的松木独木船，又轻巧又结实，两头尖，中间宽，船头还刻着精美的动物图案。探险队用最小的一只独木船，外加一把短柄斧和一些小玩艺，换到这样一只船。

　　10月23日，他们来到哥伦比亚河上的一段落差很大的河道，河水奔腾咆哮，白浪滔天，这一段全长约为55英里，共分为四道天险。

　　第一道是大瀑布，两岸悬崖高达2千至3千英尺，落差达38英尺。路易斯和克拉克分头进行考察，最后商定有一道20英尺落差的瀑布不得不连船带行李全部陆上运输，雇佣本地印第安人和马匹协助送重物。其他地方，则用粗壮的麋子皮

冲出大山的
斯奈克河

冲出大山的
斯奈克河

绳把小船吊下激流，行李走陆上，虽然千难万险，但他们成功了。

第二道险关叫作"短狭道"，有1/4英里长，河道仅45码宽，奔腾的河水挤入窄道，似万马奔腾，嘶鸣狂跳，卷起千层激浪，岸边岩石嶙峋，根本无法将沉重的独木船运过去，只能让不会水的人把最有价值的东西，像探险日记、考察报告、枪支弹药、科学仪器之类从陆上扛过去。会水的人带上价值低重量大的物资从激流上驾舟而下。

这一带的印第安人多是驾船大侠，哪里相信这帮人能驾驶这几只又大又笨的挖凿独木船从激流中冲下去，那简直是自寻死路。数以百计的印第安人站在两岸，观看这惊心动魄的一幕。探险队里的驾船好手，胆气十足，心明眼亮，冲入巨浪，居然没有被翻入怒涛，而是追逐着滔天的白浪，冲向下游。

过了短狭道，进入三英里长、相对平缓的一段水路，岸边是木屋组成的村落。离开最后的白人定居点这是第一次看到木头房子，久违了木屋，架子上的鱼干多得惊人。村里的首领前来和探险队见面，两位穿鼻人首领也在座，谈得很好，两位队长对调解的结果十分满意。不过实际上到底怎样就没法说了，积怨良久，哪能一谈就没事了呢。

第三道险阻为"长狭道"，约有3英里长，50到100码宽。又一次，全队分为陆上和水上两组，在两岸印第安人的惊呼声中，独木船冲出巨浪，平安通过。

长狭道之后，河道变宽，他们在一座岩石山的顶部宿营，停留了三天，修船打猎，晾晒行李，准备应付最后一道险关。两位队长忙着做天文观测，确定地理位置，他们和两位穿鼻人首领依依作别。

这一带的一些印第安人实在是能偷惯盗，东西放在那儿转眼就不见了，令人气愤。但也有颇为愉快的交往，10月26日晚上，两位契努克首领带着15个人乘独木船过河来，带着鹿肉和糕饼作礼物，两位队长向首领们赠送了徽章，还有小礼物分送其他人。猎手们那天打到五只鹿，肉食丰富，克鲁冉特的欢乐提琴曲，黑人约克的刚劲舞蹈使印第安客人大为开心。队里有人用鱼叉叉到一条硬头

鳟，用印第安人给的一点熊油煎了，使吃不惯狗肉的克拉克大饱口福。

从10月底，他们开始感到河水的涨落受海洋潮汐的影响，大家备受鼓舞，离大洋不远了。

以后几天的行程水流平缓，队员们略感轻松。11月1日，他们来到第四道险关"大激流"。这道湍急的河水共有三四英里长，由一系列瀑布组成，飞流直下，水雾蒸腾。他们不得不一次次拖着沉重的船和行李在陆上一步步往前移，有时在激流中驾船冲下，有时用皮绳把小船吊下险滩。11月2日，他们终于通过第四道险关。

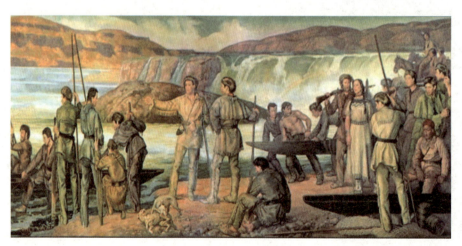

探险队的小船闯过
瀑布险滩

二十 奔向太平洋

11月2日，探险队不仅通过了第四道河上险阻，还经过了桑迪河河口，这里是以前从太平洋远道而来的西方探险家到达的内陆最远端。第二天，11月3日，他们看到喀斯客德山脉的美丽雪山——胡德山，他们真正进入西方探险家测绘过地图的领域了。

半沙漠的荒凉地带留在了身后，两岸是连绵起伏的青山，从山上挂下一道道小瀑布，郁郁葱葱的高大树木，水禽飞鸟举目皆是，鸣叫之声不绝于耳，克拉克被吵得夜里无法入睡。

这里的印第安人与白人皮货商打过不少交

道，他们有的披着红蓝色的毯子，身穿水手服，头戴船形帽，灶火上吊着铜壶，有的嘴里还时不时蹦出几个英文单词。他们善于讨价还价，队员们眼看着交换物资越来越少，不由得担心。

这一带印第安人人口稠密，11月4日晚上，几只独木船载着一些印第安青年从上游的村庄顺流而下，前来造访。他们不仅穿着西式服装，还带着弓箭、斧子、枪支，来展示他们的好东西。本来气氛友好，可是在传递和平烟斗时，克拉克发现有人偷了他的烟斗，一会儿又发现德鲁拉德的皮毛长大衣不见了。经过一番搜身检查，找回了长大衣，烟斗却不翼而飞，双方不欢而散。

也有平和的交往交易，11月5日，他们遇到26个印第安人划着四只做工精

望见哥伦比亚河下游的胡德雪山，他们知道离大洋不远了

134

良的独木船，探险队向他们询问这一带的情况。第二天又遇到另一个船队，带着块根、鲑鳟鱼、皮货，而且要价不高，克拉克用五个小鱼钩换到两张河狸皮。

11月的哥伦比亚河下游，已极少晴日，多雾多雨。尽管这一带受海洋气候影响终年温差不大，水美鱼肥，动植物丰盈，但对于在雨中旅行的人却别是一番滋味。队员们一个个浑身湿淋淋的，整天没有干的时候，非常难受。

11月7日早上，天下着雾，飘着雨点，探险队一早出发，看不见对岸。下午天放晴，只见前面水天相接，烟波浩淼，无边无际，人们激动万分，欢呼起来，克拉克匆匆提笔，兴奋地写下了一行潦草的字迹："看到大洋了，哦！快乐啊。"这发自肺腑的声音，两百年来感动着千千万万人。

全队奋力向前划去，当天走了34英里，晚上宿营又是遍地石头，简直躺不下去。但是苦难的处境掩盖不住人们内心的快乐，克拉克写道："营地一片欢乐，我们看到大洋了，久已盼望的太平洋，海水喧腾，可以清晰地听到巨浪拍打着岩岸的声音。"克拉克计算下来，从密苏里河口到太平洋为4142英里，他们终于到达了漫长里程的终点。

大雨如注，克鲁冉特无法拉琴庆祝，皮衣服已经沤得又破又烂，他们又冷又湿，只有内心充满温暖。

实际上，他们看到的是辽阔的哥伦比亚河口，克拉克高兴得略微早了一点点，离大洋很近，但还不是大洋。以后的几周里，他们被狂风暴雨、潮汐巨浪围困在埃利斯角的营地，进退不得。陆地上是层峦叠嶂，也走不过去，连着下了11天雨，汹涌的潮汐卷着巨大的雪松、枞树、云杉铺天盖地而来，有些大树几乎有两百英尺长，七英尺直径，被大浪推着抛向营地。生不着火，生着了也无法维持，人类在大自然面前是那么渺小，那么孤立无助，他们像遇到海难的水手，不知命运将把他们推向何方。但是直到11月9日，克拉克依然写道："尽管困苦，全队情绪高昂。"

不过现实太严酷了，身上是湿的，铺盖是湿的，皮袍子已经沤烂，11月的冷风逼人。他们唯一的交通工具独木船在大浪和巨木之间，随时会被撞得

粉碎，狂风卷着巨浪袭来，有时几乎要把他们在一瞬间卷入狂怒的波涛中。风大得令人恐怖，似乎就要把大树连根拔起，日子在苦难中流淌，在恐慌中茫然度过。

又一次印第安人救了他们。克莱特萨普印第安人住在哥伦比亚河南面，在风浪海涛中练就一身好水性，在一般人必然陷于灭顶之灾的风浪中，他们竟然能驾一叶扁舟而来，把根茎和鱼卖给探险队。

11月13日，几近绝望的两位队长派考尔特、维拉德和山依搭乘印第安人

的独木船，顶风踏浪去远处寻找更好的营地。第二天考尔特从陆上归来，带来
不错的消息，他看到一片在湾里的沙洲，与陆地相通，附近还有几个印第安人
的旧棚屋。路易斯决定带先遣队去那里察看，克拉克则带着其他队员收拾起
来，只待天气稍好就立刻搬家。

　　11月14日下午，路易斯带着得力干将德鲁拉德和三名队员出发，五名队
员划独木船送他们，绕过海角将他们放下。这五个划船的人在归途中差点被巨
浪吞没，葬身鱼腹。

探险队遇到哥伦比亚河
下游的印第安人

　　路易斯下了船，满心焦虑，四下找寻。他的第一目标是找到住在海边的白人或商人的贸易站。他有总统签署的信用证，可以据此获得充分的供应走回头路，还可以请前来贸易站的海船船长帮他们带回考察报告的抄件，以防探险队在归途中遇到不测。当然他也非常想亲眼看看太平洋。

　　他找到了前两天和考尔特一起来此的山侬和维拉德，昨晚他俩和五名契努克人一起宿营过夜，早上竟发现枪支被盗，幸亏路易斯来得及时，一番训斥威胁，把枪要了回来。

　　风雨中，路易斯在海滩上走了很多路，既不见贸易站，也没有海船。面对阴沉咆哮的茫茫大海，他的失落失望可以想见。非常遗憾，这个在晴空下总是波光闪闪、天水无际的美丽海角，成了他心目中名副其实的失望角。路易斯走到海角的最远端，在一棵树上刻下了自己的名字。

另一方面，克拉克带领队员们趁着天气稍好，赶紧把营地迁往考尔特发现的沙洲，在附近印第安人废弃的村落里有些木房子，队员们拆下木头搭建临时棚子。这一带好在可以打到猎物，探险队在这里住了10天，直到11月25日。

路易斯回到新营地的第二天，11月18日，克拉克带上约克和另外十个人去考察失望角，他们也在海角远端的树上纷纷刻下了自己的名字，还注上1804—1805年从美国经陆路到此。非常可惜，岁月湮没了这一切痕迹。

附近的印第安人来访，也与探险队做交易，两位队长看中一件成色绝好的海狸皮袍，讨价还价一番，印第安人认准了萨卡加维亚那条用蓝色珠子缀成的腰带，在印第安人眼里，蓝珠子最为贵重，队长拿出一件蓝棉布外套给萨卡加维亚作为补偿，她解下了心爱的腰带，这情景后来出现在许多历史绘画中。

现在他们必须选择去哪里过冬，那地方一定要有好的水源，充足的猎物，有树木可盖越冬营房。一共有三个选择：第一是就在哥伦比亚河北岸。第二是跨过河去南岸找更理想的地点。第三是走回头路到干旱晴朗的地方安营过冬。

来访的克莱特萨普人已经告诉他们河南边有很多猎物，他们需要食盐，离海近，可以自己制盐。再有，他们依然盼望什么时候能有海船出现，所以看来留在海岸附近，找一个合适的地点为好。

两位队长把决定权交给全队，由每人投一票定夺，黑人奴隶约克和印第安妇女萨卡加维亚也都各有一票。美国人珍视自己的民主传统，11月24日这次投票不知被多少人写入史书，这是美国历史上第一次有黑人奴隶和妇女投票。

投票结果，意见几乎是一致的，跨过河到南边，看看再做决定。

11月25日，队员们装上小船，逆流而上，河口宽阔，天水茫茫，风急浪大，小船过不了河，只得沿北岸走，第二天才跨过河去，到达南岸。在那里他们又一次被恶劣的天气困在营地。直到11月29日路易斯下定决心，带上德鲁拉德和另外四个人，驾上那只结实灵活的印第安独木船出发去找冬营地。

他们一早启程，在今天的俄勒冈州艾斯多利亚一带过夜。当天打到四只鹿，还有大雁和野鸭，令人兴奋。以后的几天里路易斯一行迎着寒风，在阴雨中走了许许多多路，终于在今天的路易斯-克拉克河边找到了一处满意的地方。附近有一股溪水，高大茂密的树木可以用来造营房。地点选在高处，高于大潮30英尺，距离河流200英尺，离河口为3英里。德鲁拉德和另一名猎手一天就打到6只麋子，5只鹿，不愁没饭吃。

　　奔波一周后，路易斯回到队里，人们已开始担心他们出了什么事，克拉克更是望眼欲穿，他们的归来使所有人长舒一口气。听说冬营地的情况后，大家都十分满意。第二天大风不止，12月7日他们才得以动身来到此次探险的最后一个冬营地——克莱特萨普。克拉克一眼看中这片宝地，认为是这一带能够找到的最佳营址了。

阳光下壮阔无比的太平洋，当年却是风雨交加，惊涛拍岸，令人却步

142

二十一　最后的冬营地

这里邻近印第安人克莱特萨普村落，营地就叫克莱特萨普营地。对于印第安人来说，哥伦比亚河下游河谷地带是非常舒适宜居的好地方，有树木可以盖房，造独木船，河里有捕不尽捞不完的鱼，河上水鸟翱翔，水中的水獭、河狸肉肥味美，皮毛珍贵，可以直接和乘海船而来的欧洲商人贸易，林子里有鹿和麋子，四季都吃得上肉。在白人带来的天花袭击这一带之前，印第安部落很兴盛。他们不大打仗，生活相对富足安定。就连草编的篮子、帽子也都典雅精美，即使用现代眼光看，也堪称精品。

这里的气候是夏天阳光灿烂，很少下雨，冬天则阴湿多雨，特别是海边更难得见太阳，探险队选择在离海不远的地方过冬，盼望能见到海船，也经历了一个阴冷潮湿、郁闷寂寞的漫长冬日。

这一队人真是能工巧匠，只要有树就不愁没房住。路易斯一面带队去林子里砍下冷杉、枞木，动手造房，做起木栅栏围墙，一面派人出猎，使锅里顿顿有肉。

克拉克在到达的第二天，12月8日一早就出发去找一条通大洋的最佳路线，打算在海边设立一个制盐的营地，解决冬营期间和归途上的食盐问题。三

天以后，克拉克返回营地，找到了通往海边的道路，选好了制盐地点。

在风雨中全队加紧盖房。12月16日狂风大作，树木轰然倒向四面八方，暴雨卷着冰雹，雷鸣电闪，整整一天。繁重的劳动，长期单一的伙食，加上由于缺盐，肉食还常常变质，许多队员病倒了，沃诺膝部扭伤，费尔德起泡疹，吉布森拉肚子，普里尔班长肩膀脱臼，黑人约克胃酸、胃绞痛，有人长脓包……从印第安人那里传来的跳蚤，夜里肆虐猖狂，搅得人无法入睡。

除了有时邻近的印第安人来访，卖些根茎皮货，和队员们一起热闹一下，他们都在忙着盖房，12月25日圣诞节之前，大家都搬进了尚未上顶完工的营房。费尔德给两位队长做好写字台。

今天，在原地，照原样重建后的冬营地

世事沧桑，山海依旧，当年克拉克曾带
队来这一带寻找被冲上海岸的巨鲸

　　圣诞节一大早，队员们排枪齐射，一片欢呼声和圣诞歌声，闹醒了两位队长。大家交换圣诞礼物，自制的鹿皮鞋、篮子之类，两位队长把烟叶留下一部分用于和印第安人交往，其余的分给抽烟的人，八个不抽烟的人每人得到一块手帕。　只是再也没有什么可以助兴，饭菜是坏了的麋子肉，饿得不行才勉强下咽，鱼也是坏的，一点点根茎。圣诞节本是西方的盛大节日，家人团聚，吃团圆饭，到处是优美圣洁的圣诞音乐，圣诞歌声，闪烁的圣诞树，精美的圣诞礼物，这一切是那么亲切，又那么遥远，怎能不撩起这些旅行者剪不断、理还乱的思乡之情呢！

　　12月28日，五名队员带着熬盐的大锅和行李去海边制盐。两天后，12月30日，克莱特萨普营房全部完工，两排圆木房子脸对脸，由木栅栏相连，前面是正门，后面的小门通往30码外的溪水。中间有院子可供操练，有一排房子有三间屋子，给队员们住，另一排房有四间屋，一间给两位队长，一间给查伯纳一家三口，一间值班室，一间专供熏肉，使之便于保留。

　　两位队长制定了很严格的纪律，天黑就关大门，印第安人必须离开要塞，要友善对待印第安人，避免纠纷，但万不可大意，防止警惕恶性冲突。对于工具保管、熏肉房的钥匙保管、取暖烧饭等各项工作都有细致规定。

不出猎的人在家鞣皮子，缝制麋子皮软帮鞋，每人需要十双鞋。还必须保持熏肉房的火不熄，这点不易做到，因为木头都是湿的。队员们虽然很烦闷，但非常难得的是一冬天下来，很少发生违纪事件，也没有打架斗殴，一年多的甘苦与共，使他们相交默契，亲如家人。

二三十个小伙子靠吃麋子肉过活，在三个多月的冬营时间里，他们打了131只麋子，20只鹿，若干水獭河狸，一只浣熊。德鲁拉德最能干，有时一天能到五只以上麋子，1806年1月12日，他打到七只麋子。路易斯对此心存感激，在日记里感叹道，真不知道离了他该怎么活。

但是搞到肉食仍然是使两位队长时时操心的事，周围的麋子越来越少，打猎走得越来越远，在无路可走的丛林里，往回运肉是件非常艰难的事。运输时间长了，肉质会变。补充食品是鱼干和根茎，所有的人都吃倒了胃口，只要哪天有了新鲜的烤麋子肉，队员们就一个个狼吞虎咽。

1806年1月1日一大早，小伙子们又是一阵排枪齐射，高呼："新年快乐！"虽然没有节日的盛宴，不能举杯相庆，但人人都向往着下一个新年，返回家乡的日子不远了。

有一件事令人担心，去海边制盐点的五个人中，本来讲好有两个人送到地点后就回来，留下三个人在海边熬盐，可是到了1月1日新年还不见人影，大家开始嘀咕，不要出了什么事。

1月5日，两名队员终于从制盐营地归来，带来了制好的盐，吃上盐的感觉太好了。海边凄风苦雨，制盐不易，队员们轮流去煮盐。2月3日，捎回两蒲式耳盐，2月19日，奥德维班长带六个人去取回盐和大锅，又带回三蒲式耳盐，装入两个结实的桶里，这盐够一路吃到回家了。

在闷头缝鞋、做衣服的日子里，有件新鲜事。1月5日，归来的两名队员不仅带回了盐，还带了一些鲸脂，对于饮食极为单调的小伙子们，那可真够解馋的。那是一条被海水冲上海滩的巨大鲸鱼尸体，离制盐点不算太远。本来新年前就听说这件事，但由于整整一周的风雨，他们没能立刻出发去看看。这次克拉克带上11个人去看鲸鱼，也顺便搞点鲸脂回来。萨卡加维亚也要求加入，她走了那么远的路，当然该看看大海，看看海中的庞然大物，克拉克同意了。

他们1月6日上路，7日到达制盐营地，雇了印第安向导去找巨鲸，虽然只有8英里，但沟沟坎坎，杂树丛生，非常难走。好不容易走到跟前，实在令人失望，只看见一具庞大的骨架子，克拉克量了一下，有105英尺长，鱼肉早已被印第安人刮光。克拉克只得向邻近的印第安人买下300磅鲸脂，几加仑熬好的鲸油。

1月8日晚上十点来钟，克拉克正在村子里和印第安人吸烟交谈，忽听外面一片惊叫声，原来是队员迈克尼尔遇到麻烦。他被一位看来颇为热情的印第安人拉进一家住户，请他尝尝鲸脂，又说另一家的货色更好。迈克尼尔刚要跟他走，屋里的妇女一把揪住他的披毯又叫又嚷，另一名妇女也冲出屋去大喊大叫，迈克尼尔云里雾里搞不清发生了什么事，那位"热情的朋友"见势不妙，赶紧溜了。等探险队的其他人赶来，一阵手语，才搞清楚，那个所谓朋友是想把迈克尼尔干掉，抢走他的披毯和随身物件。又一次，善良的印第安妇女救了探险队员的命。克拉克1月10日回到营地，队里的人非常高兴可以换换口味，这次意外事件也使他们更加小心戒备。

除了日常工作，这个冬天路易斯和克拉克在烟气缭绕，又湿又冷的小屋里，在简陋的木桌椅上，油灯下，整理了大量的资料。路易斯把收集到的动植物标本以及各地自然条件、印第安部落人口状况等等许许多多资料汇编起来。克拉克则把一路上画下来的地图，加上印第安人介绍的许多信息，绘制成一张张相连的地图。克拉克的制图天分很高，他不断与路易斯讨论，到2月11日完成了这个巨大的工程。他们的工作对世界做出了重大贡献，美国西部的广袤土地第一次为人类文明世界所认知，第一次摆脱了毫无根据的猜测，宝贵的知识建立在实地考察的坚实基础上。

此刻，这支小小的探险队全然不知在遥远的桑塔菲，新墨西哥的西班牙总督已在具体组织一项阻挠他们的强大军事行动。他们调动五百人的军队，又组织一百名印第安人加盟，出动两千牲畜的驮队，只等冬天一过，这支北美荒原上见所未见、闻所未闻的西班牙大军就会从桑塔菲出发，北上拦截这支小小的探险队。

三月里天气渐暖，雨还是下个不停，整个冬天只有12天没下雨，其中仅有6天晴。人们盼望着踏上归途，一切都基本就绪，心灵手巧的枪械师费尔兹把枪支全部修好调好，弹药保存完好。全队一共做了338双麋子皮鞋，盐也够用了。

3月17日，德鲁拉德带上路易斯的宝贝大衣去跟当地的印第安人交换独木船，他们已没有什么可以用于交换，虽然换到一只，实在是还缺一只，就要上路了，怎么办？百般无奈，3月18日，四名队员去近海的一个地方，悄悄"拿回"一只船。

路易斯把探险队人员名单交给了友善的印第安首领克伯维，也交给了来访的其他印第安首领。同时把一张名单贴在屋子里，注明这是由美国政府于1804年5月派出考察北美大陆的一支探险队，说明他们确实跨越大陆抵达太平洋，克拉克在纸页背面画了密苏里河和哥伦比亚河的草图。这一切都是为了防备他们在归路上遇到不测，不能生还，希望这些信息能通过来访的海船带回东部，使亲人朋友知道他们曾到达目的地。

整整一冬，他们望穿双眼盼着有商船在海上出现。而实际上还真有一艘来自波士顿的海船利迪亚号，于1805年11月曾在哥伦比亚河口一带进行了几周的贸易，太可惜了，探险队对此一无所知。

第二年春天，利迪亚号又一次回到河口，探险队已经离去。印第安人把他们留下的徽章和条子交给了利迪亚号船上的人，有一名船员在日记里记录了此事。如果他们真的消失在归途上，这将是他们留给世界的最后信息。

3月22日，暴风雨小些了，克莱特萨普村的首领克伯维前来道别，路易斯把营房和家具都留给了他。

第二天，1806年3月23日，雨停了，中午时分天转晴，全队开始装船，一点钟船队出发，离开了最后一个冬营地，踏上了回乡之路。

二十二　又见老友穿鼻人

这是盼望已久的时刻，纵然故乡远在天涯，纵然一路上千难万险，但漫漫长路的尽头是温暖的家。

他们共有三只大些的独木船、两只小船，船上只剩下武器弹药、少数的工具和文件以及几只锅、一些鱼干和根茎。而去年春天离开曼丹村时，船上满载着大包小包，做交易用的毯子、烟草、威士忌酒、面粉、腌猪肉、玉米、南瓜干和豆子、写字台、帐篷、各类仪器、工具、锅壶碗盏、镜子、珠子、锥子、鱼钩、刀斧、枪支弹药等等等等，路才走了一半，东西已用掉95%。当然还有一些窖藏在路上的物资，能不能找回来就只有天知道了。

好处是他们对前面的路途已不再是一片茫然，再有他们在沿途窖藏了许多东西。不过巨大的挑战在前面的大山里，没有一个人会忘记那九死一生、饥饿寒冷的翻山之旅，一段刻骨铭心、终生难忘的记忆。

上路不到一英里就遇到一群契努克人，有二十来人，他们听说探险队要买船，带了一只很精巧的独木船来卖，有了那只"拿来"的独木船，他们没买。船队沿营地附近的河流走了几英里，进入西部大河哥伦比亚河。

第二天，带领他们穿越河口一系列岛屿的印第安向导宣称那只盗来的独木船是他的，路易斯拿出一张装饰修整好的麋子皮来换船，那名印第安人在五条船、三十来名带枪人的包围之中，又拿不出证据说那条船确实是他的，只得接受下来。路易斯和克拉克并非是做这种事的人，此刻他们真有点捉襟见肘，所谓"人穷志短"了。

滔滔大河向西入海，东进的小船又一次逆流而上。队员们在激流中拖着船往前走，遇到瀑布就得搞陆上运输。每天必须派人出猎，解决一日三餐的大事，糟糕的是他们从印第安人那里了解到，过了达拉斯，也就是过了绿荫覆盖的哥伦比亚下游河谷，进入干旱地带后，食物极缺，正在闹饥荒。从那里直到大山脚下既没有鹿，也没有长角羚和麋子，而三文鱼还要等一个月后才会逆流而上。他们不得不决定在达拉斯以西的印第安村落里耽搁一段时间，打猎做咸肉，准备一路吃到大山脚下的穿鼻人那里。

时间紧还不能多耽误，探险队的马群由穿鼻人首领拧花头在照看。穿鼻人五月初就要翻山去东部大平原，到那时去哪里找马呢？没有马就翻不过大山，马不光要驮东西，驮人，还是一路的肉食供应。

4月2日，他们决定由路易斯带队打猎腌肉，队员们升起日夜不息的篝火，熏烤一条条鹿肉、麋子肉，路易斯抓紧时间在附近做动植物考察，而克拉克则带一小队人考察哥伦比亚支流沃莱米特河，他们走了十多英里到达今天的西部大城波特兰一带，克拉克的地图上又多了一笔。

时有印第安人来访，4月3日，一些印第安人沿河而下，寻找食物，路易斯写道："这些可怜的人饿极了，他们拣食队员们丢弃的骨头和肉渣子。"这一带的印第安人偷东西成风，简直防不胜防，常常是一波未平，一波又起，搞得关系紧张，大有一触即发之势。

4月8日半夜三更，一个印第安老头悄悄爬进营地，头一天正是他被抓住偷了一把勺子，这次又被卫兵发现，举枪威胁，吓得他没命地跑，钻入树丛。第二天队员考尔特看到一把被印第安人偷走的战斧，与他们一阵扭打，夺回战斧。

4月11日，船队遇到一道道激流险滩，队员们奋力在激流中拖船，岸上聚着围观的印第安人，有人向下扔石头，令人气愤。队员希尔兹因为买狗，与印第安人讨价还价，落在后面，被一伙人围住，又推又搡，一面把他从路上往下推，一面抢他的狗，希尔兹被逼不过，拔出长刀，劈过去，才将这伙人赶散。更有甚者，三个印第安人偷走了路易斯的爱犬，路易斯一听就急了，派三名队员去追，命令是：只要对方不放大狗，或有所抗拒就开枪。幸亏这三个家伙远远看见带枪的追兵，吓得弃狗而逃。他们还偷了一把斧子，被队员汤普森发现，奋力夺回。

路易斯怒不可遏，下命令只要今后再有人偷队里的东西、侮辱人就开枪。印第安首领感到很难堪，他向路易斯解释说，部落里只有两个人是坏蛋，其他的人都还是友好的。路易斯何尝不希望友好相处，他时时感到处在一个陌生的、充满敌意的环境中，"此刻只有我们的人数保护我们。"换言之，如果不是一支武装的三十来人的队伍，不知会发生什么事。

这一路是大小瀑布，一段又一段的激流险滩，去年走顺水还惊险万状，现在要逆流而上，简直不可能。前面是大山，总归要弃船而行，路易斯和克拉克一商量，过了达拉斯进入干旱平原开阔地带，他们还是从陆上走为好，当务之急是买马。克拉克带人在前面买马，路易斯在后面指挥水陆联运。

克拉克手上没有多少东西可以用于交换，怎么样也讲不下价钱来。第一天讨价还价后，他派人赶回队里，与路易斯商量，路易斯当机立断，用双倍的价钱买马，至少要搞到五匹马，要尽快，他感到越早摆脱这一带的印第安人越好，耽搁的时间越长越危险。

达拉斯以东马匹很多，但探险队真是买不起，僵持到4月19日，他们让步了，用两口大锅换回四匹马，一队壮汉就只剩下四只小锅烧饭，实在是不得已而为之。这马实在太金贵了，夜里拴住马脚，每匹都有专人看管，4月20日夜里，维拉德看管的马溜了出来，路易斯火冒三丈，还好维拉德在上午9点钟，队伍出发前找回了那匹马。

那天早上不光是丢马，还发现又有一把战斧找不着了。天气挺冷，路易斯决定烧掉不用的撑杆、桨橹、独木船，宁愿烧火取暖，也不留给印第安人。正烧火的工夫，发现一个刚从撑杆上取下来的铁套环被一个印第安人偷走，路易斯当场抓住那人，一顿狠揍，叫队员们把他踢出营地，这是探险队向来不可以做的事情。

4月21日上午10点多钟，探险队带着九匹马出发了。队里的好铁匠、枪械师布莱顿冬天在海边制盐，风里雨里几个月一直感冒生病，长期的阴湿寒冷，跳蚤叮咬，使他十分衰弱，最严重的是下腰疼痛，几乎半瘫痪，成了全队唯一骑在马上的人。一个双腿不能走路的人，面对跨越北美大陆的征程，大概是一种近于绝望的心情吧，战友们会怎样充满同情，他还能再见亲人吗？

他们从陆上走，绕过瀑布群，所有的人都累得腿疼脚酸。4月27日，令全队高兴的是进入穿鼻人近支瓦拉瓦拉人的领域了。迎面遇到首领叶莱皮特，带着六名骑手，他们的村子约有15座棚屋，150人左右，马匹很多，位于当时哥伦比亚河和斯奈克河交界处不远，村民们友好热情，送来鱼和燃料，并带来马匹。克拉克拿出自己的剑，加上一百发子弹，从首领那里换到一匹很漂亮的白马。两名副首领也各自牵来一匹马，路易斯拿出自己的盒子枪，加上别的礼物作为回报。克拉克还为村民们治眼疾、关节痛、骨折，深受欢迎。

晚上附近村里的人都来欢聚，克鲁冉特的琴声响起，队员们迈着欢快的舞步，一些大胆的印第安人也加入进来，周围是约350名男女老少，原地踏歌起舞，一片欢乐。

4月30日，他们起身上路了，从当地人和印第安首领那里他们得到一个非常宝贵的信息，本来从哥伦比亚河到清水河是走斯奈克河，一路逆着激流向高原上走很艰难。熟知当地情况的印第安人告诉他们，不需要沿斯奈克河走，可以抄近路，少走80英里路，一路平川，有草有水，还有羚羊和鹿出没。善良热诚的瓦拉瓦拉人为他们提供了一些精壮的马，上路时共有23匹马，只可惜印第安人用马过度，这些马多有腰伤。令人感叹的是：三名瓦拉瓦拉少年第二天晚上骑马来到探险队营地，归还他们落下的钢制猎夹子。

1806年4月9日路易斯在回程的日记里记下了哥伦比亚河南岸的这道美丽的瀑布

五月初的几天风雨交加，狂风卷着冰雹、雪花，虽然他们从瓦拉瓦拉人那里搞到不少狗肉，加上自己腌制的肉干，可还是经不住一队壮小伙子吃。5月3日晚上分了最后的食物，小伙子们半饥半饱，更不知道明天拿什么填肚子。

幸亏他们已进入穿鼻印第安人的领域。5月4日，他们路遇穿鼻人首领托罗哈斯基，去年秋天正是他和拧花头首领一起给探险队做过向导，老朋友相见分外高兴。他用三只印第安独木船帮助探险队过河，告诉他们怎么走最好。

在沿途的印第安村落里，探险队拿不出什么东西去换吃的，正一筹莫展，忽然发现克拉克在当地人中间成了名声响亮的好医生。去年秋天，探险队路过这一带，克拉克为一名印第安男子治好了关节痛，他逢人就夸克拉克医术高明。这一带眼疾流行，克拉克还为当地人上眼药，治好了不少人。这次有人牵来好马给探险队，要求治眼病。

5月5日，一位印第安首领带着妻子来治背上的疖子，用一匹马作为报酬，克拉克挑开脓疮，清理创口，塞入带药的纱布，包扎好。一转眼前来看病的人就排了五十多位，人们带着根茎和狗、马来治各种疾病。克拉克为人热诚，富有同情心，又温文有礼，难怪缺医少药的当地人那么信任他。而对于一路忍饥挨饿、又累又乏的队员们，能够有东西下肚是何等美妙的事啊。

5月7日，落基山脉冰雪覆盖的群峰进入视野，探险队的小伙子们盼着赶快翻过山去，进入野牛大平原，结束这挨饿的日子，天天大块吃肉。可是从印第安人那里得来的消息实在是当头一棒，上一个冬天雪下得太大，至今大山里积雪依然很深，最早最快也得等到六月初。

离大山下穿鼻人的家园不远了，这天一位印第安人带着两筒弹药骑马来到探险队，是他的狗从去年他们挖的地窖里刨出来的，物归原主，这情景令人感动，大家盼着

穿鼻人武士

与诚实友善的穿鼻人重聚。

5月8日，他们在路上遇到穿鼻人的主要首领割鼻和六名印第安骑手。去年秋天他不在村里，队员们听说他比拧花头首领更有威望。探险队高兴地和他一路去穿鼻人村落。

走了不远又遇到老朋友拧花头和五名印第安武士，两位队长见到他们别提多高兴了，去年秋天拧花头答应替他们照料马群，探险队同意用两支枪和子弹作为回报。不仅如此拧花头还带着全队沿斯奈克河和哥伦比亚河直走到达拉斯，帮了大忙。然而奇怪的是这次相见，他竟十分冷淡，而且莫名其妙地对割鼻首领大喊大叫，不知在吵什么。探险队必须找回自己的马群，他们要翻山更离不开穿鼻人的帮助，当然急着要搞清楚发生了什么事，可是语言不通，只好一头雾水，停下来宿营。直到手语专家德鲁拉德出猎归来，才赶紧把拧花头请过来吸烟，他说本来是他看管马群，但割鼻首领出战归来，指责他不该接这活儿，这该是他割鼻的事，按他的说法，割鼻是在争权夺利，他一气之下不再管马，马群走散了，但多数马就在这一带，有不少在河上游的首领断臂那里，断臂是个颇有威望的人。

事关重大，他们立刻请来割鼻一块谈，割鼻指责拧花头两面派，说他从来没有照看过马群，而是让他的儿孙辈骑马用马，为此他和首领断臂才不准他继续管马。看来只有第二天一早去找断臂，看能找回多少马匹和马鞍了。

第二天，他们在断臂那里找回了21匹马，一半有马鞍，还有一些窖藏的弹药和物资。路易斯给了拧花头一支枪和一百发子弹作为回报，并希望他能找回其余的马，他们将按约定再给他一把枪。断臂听说探险队想用瘦马换些肥壮的小马，带在路上杀来吃。他立刻拿出两匹肥马驹，不要报酬，他很痛快，说马驹有的是。

这一带有约四千穿鼻人，分散居住，他们有着大陆上为数最多的马群。连着几天，每天都有各部落的首领前来会面，路易斯接待他们。克拉克则接待每天一早就排着长队等待就诊的病人。

萨卡加维亚的小宝宝在长牙，发高烧，喉咙肿痛，给小宝宝用了草药，他慢慢恢复起来，前后十天左右，看着孩子生病，叫人难过。

另外一个使大家担忧的重病号是铁匠布莱顿，队里三个铁匠中的希尔兹为此很用了一番心思。他学来北美印第安人的办法为同伴治腰腿病，挖了一个直径三英尺、深四英尺的坑，上面用柳树枝干做棚子，盖上毯子，坑里放上烤热的石头，上置一层垫脚板，再放上凳子，然后把赤身露体的布莱顿抬到座子上，用盆里的水淋在热石头上形成腾腾蒸汽。他们给布莱顿喝了发汗的浓茶，20分钟后用几层毯子包起布莱顿，再移到附近清水河的冷水之中，如是几次，竟有奇效。第二天布莱顿可以走路了，几乎不感到疼痛，所有的人都大大松了一口气。

他们还用热浴棚给一位瘫痪的印第安首领治病，用30滴鸦片酊来强化治疗，结果首领的手和胳膊能动了，不久腿和脚趾也能动了，他的孩子们非常关心老人，看到老人渐渐恢复健康，别提多高兴了。

治病是换取食物的重要方式，克拉克名声在外，来治病的人很多。原有的马加上新添的马，到六月初马群扩展到65匹，成了翻越大山的食物储备。队员们发现铜扣子能用来换吃的，就把扣子剪下来换根茎。五月里队员们每人分到最后的一点工业品去换自己的翻山口粮，每人一把锥子、一个别针、半盎司的涂料、两根针、几缕线和一码丝带。六月初路易斯检查行装，高兴地发现大家都换到不少根茎糕饼，准备翻山。

他们把营地安在一个易于防守的废弃的印第安村落里，一面焦急地等待着高山的冰雪融化，一面照料马群，准备马鞍，甚至学着骗马。还和喜爱赛跑、赛马的印第安人比赛，晚上围着篝火跳舞，就这样在大山脚下等了一个月左右。

眼看着河水上涨，说明高山上的积雪在消融，但是有经验的印第安人再三劝他们要耐心等待。上一个冬天的雪太大，山上积雪太深，陡坡上极滑。有人说至少要等到7月1日，不然马群在大山里最少有三天没草吃。然而队员们一个个归心似箭，恨不得立刻出发。

6月10日早上，割鼻首领带话来，他手下的两个青年一两天后来当向导，把探险队带过大山，直到密苏里大瀑布，这消息令人振奋，他们太需要印第安向导了。

可是等了几天还不见向导过来，6月13日，队里派出两名猎手先行，队员们把马赶拢，共有约66匹马，打点行装，备鞍，整装待发。

二十三 再次跨越落基山天险

6月15日早晨，天上下着冷雨，探险队上路了，走了八英里看到先遣猎手打到的两只鹿挂在前面。一路上倒树落木，满地泥泞，又滑又陷，只是没有下雪，还能勉强找到路。

6月16日，他们一早启程，开始走在山间谷地中，眼前五颜六色，一片山光春色，马有草吃，看来不错。然后往上走了几小时后，气候大变，转眼成了冬天，积雪有八到十英尺深，好在还硬实，因为倒树被压在雪底下，地上倒好走一点，可是道路也被雪盖住了，越往高走草越少，远不足以让马吃饱。

6月17日，再往上行的一段路就更悬了，即便是朝南向

问君西游何时还，
畏途巉岩不可攀

阳的坡上，积雪也有12到15英尺厚，坡陡路滑非常危险。照这样走下去，马没有草吃会丢失，行李设备、科学考察报告也会丢掉，就算是侥幸能活着走出大山，后果也不堪设想。而且谁能保证在这封山的大雪中不迷路？连队里最棒的山林人德鲁拉德也表示没有一点把握，这样走下去，简直是疯了。

两位队长一商量，乘着马匹还强壮，赶紧回头，找一个水草充足的地方宿营，让德鲁拉德带着山侬赶紧回穿鼻人村落去雇向导。

他们立即把所有能够存放的行李放在搭起的架子上隐蔽起来，仪器设备、探险日记都存在原地，随身带恐怕更危险。下午1点钟，他们向山下走去，这是探险路上第一次走回头路，下一步怎么办？眼前是高耸入云的茫茫雪峰，震慑人心，真是插翅难飞啊！

第二天，6月18日，德鲁拉德和山侬出发去雇向导，开价是一把来福枪作

冰雪落基山

为去旅行者栖息地的报酬，如果有什么人愿意带路去密苏里大瀑布，报酬是两支枪和十匹马。

直到6月21日还不见两人归来，是不是出了什么事？真是望穿双眼！在焦虑中，探险队遇到两个年轻的印第安人，说是翻山去访朋友。简直像抓到了救命稻草，他们竭力说服两个青年留下来，还派了盖斯班长带三个人跟着他们，如果两人坚持要走，就跟着他们一起走，一路烧荒，做路标，为后来的人指路。

终于，6月23日，德鲁拉德和山侬带着三名向导回来了，真是绝处逢生！令全队大喜过望的是，这三名青年都非常优秀，其中一位是首领割鼻的兄弟，另外两个人各自给过两位队长一匹马，很友善。

第二天拂晓出发，在旧日的营地与盖斯班长的小组和两名印第安青年会合。天黑后，印第安人点燃了一些枞树，祈求一路好天气，树下有许多干枝子，火苗在一刹那间蹿到树顶，飞腾的火焰在黑夜中辉煌壮观如焰火，人们以发自心底的虔诚，祈求一路平安。

6月26日一大早，探险队匆匆赶拢马群吃过早饭，6点钟就上路了，前半晌赶到他们存放行李的地方，雪已经从11英尺化到7英尺厚，队员们抓紧时间装行李，煮鹿肉。印第安向导催得很急，在天黑前必须赶到前面唯一的一片草场，还有很长的路程。两小时之内一切就绪，"我们出发了，"路易斯写道："两位向导带着我们翻越覆盖着冰雪的高山陡坡，我们在一个又一个高耸的山峰中攀上攀下，令人满意的是晚上到达目的地，马可以舒舒服服地吃草休息，全队在一面陡坡上宿营，附近就有一股清泉，草场丰盈。"

精明的印第安向导告诉他们，下一个草场要走一天半的路程。第二天又是赶大早，进入视野的是无边无际的大山，威严肃穆，令人胆寒。处于这样的险境，格外使路易斯对几名优秀的向导充满发自内心的深深敬意，是因为他们带来了生还的希望。全队奋力攀上六千五百英尺的高山，走了28英里艰难的山路，马没有草吃，队里的肉也吃光了，用熊油掺合着根茎一块煮，人还吃得不错。

6月28日早晨，马群看来饥饿烦躁，令人不安。印第安向导有把握，中午就能走到草场，走了13英里，上午11点，他们看到一片向南的山坡，上面覆盖着丰茂的草，多好的草场啊！他们早早停下来宿营，据向导讲，下面的草地还远，要让饥饿疲惫的马群在这里吃饱，休息好。

第二天，由向导带着，他们攀上一片石峰，接着又向山下的罗契萨河走去，再沿小路攀上一片台地，那里高达5200英尺，有丰茂的草地，停下来休息，马吃草，人吃饭。饭后他们又向山下的谷地走，到达罗罗温泉，停下来宿营。这里有一个穿鼻人花了几十年时间一点点用石头垒成的温泉池，大家纷纷跳入热气腾腾的水中，洗澡解乏，太舒服了。印第安人在热水中泡到热得受不了，蹦出池子，跑向一个冰冷的水湾，跳进去拍打着水花，高声叫着，一会儿又跑回温泉，真是豁达开朗的大山之子。

6月30日，探险队向下面的谷地走，离开了雪坡。山路还是很险，路易斯的马在陡坡上两只后蹄滑出小径，向后摔过去，骑在马上的路易斯被仰面朝天

落基山麓

甩了出去，向下滑了40英尺。他猛地抓住陡坡上的树杈，停了下来，那马险些从他身上翻过去，幸运的是，它也一骨碌翻将起来，没有接着往下摔，人和马都奇迹般地安然脱险。

在太阳下山前，他们到达了旅行者栖息地，这段最艰难的路程过去了，一共用了六天，走了156英里。去年秋天老托尼迷了路，这段路走了整整11天，那次能活着走出大山真是万幸！

这几个年轻的向导似乎能感觉到埋在10英尺积雪下面的小路，有着惊人的方向感、时空感，这是山林人出神入化的非凡本领。马匹一路上只有一夜没吃上草，情况好得令人惊讶，只要休息几天，大多数马就能恢复体力，他们决定在旅行者栖息地休息三天。

两位队长早在冬营时，就对翻山后的路线有一番计划。现在走过了最困难的一段，他们信心倍增，开始计划下面的路线。为了考察更多的领域，年轻气盛的他们准备分路行动。实际上在荒野中，小队行动非常危险，一旦出了事，彼此之间全然无法相互照应，音讯全无，一句话，分队容易，重聚难。

这个分路计划颇为复杂，基本上是两大路线，路易斯向北考察密苏里河北部支流玛丽亚斯河。因为所有流入密苏里河的支流流域都属于美国新购得的领土路易斯安纳。路易斯雄心勃勃，要向北走，看看玛丽亚斯河，也就是说，美国领土是否能到达北纬50度，另外还打算和那一带的黑足印第安人会谈，争取把他们纳入美国贸易体系。克拉克则走南路去考察密苏里河南部支流黄石河。这样他们对西部考察的范围就扩大很多了。

路易斯的北路不走原路而是按印第安人指出的近道，从陆路骑马由旅行者栖息地直达大瀑布。在那里，他留下一些队员挖出窖藏物资，找回隐藏的独木船，准备做跨越大瀑布的陆上

运输。而路易斯自己则带人骑马继续北上，去玛丽亚斯河。就这样，在大瀑布，路易斯的队伍兵分两路。

克拉克的南路队伍骑马由旅行者栖息地回到去年翻山前与肖肖尼人会谈的幸运营地。在那里他们挖出窖藏，找回沉在水塘里的独木船，然后驾船骑马直奔三叉河口。克拉克的队伍在三叉河口兵分两路。分队后奥德维班长带9个人驾独木船走密苏里河直奔大瀑布，在那里和路易斯留下的队员一起搞水陆联运。等他们完成跨越大瀑布的陆上运输，就划着几条找回来的独木船沿密苏里河而下，直至玛丽亚斯河汇入密苏里的河口，在那里接应从玛丽亚斯河考察归来的路易斯一行。克拉克自己则带领其他队员，加上萨卡加维亚和小宝宝，赶着50匹马，骑马翻越介于密苏里河与黄石河之间的两河分水岭，到达黄石河，在那里寻找大树造独木船，乘船顺流而下，直至黄石河汇入密苏里河的河口，与接应了路易斯一行的奥德维班长的队伍会合，共赴曼丹村。

在黄石河造船后，克拉克的队伍又分为两路，马群交给普里尔班长，他的任务是带三个人先行，骑马送信去曼丹村。这封信至关重要，要交给西北公司的代理商享纳，请他沟通与梯顿—苏人的关系，邀请梯顿首领与探险队一起去华盛顿见杰弗逊总统，希望以此解决梯顿人阻碍密苏里商路的问题。最后，普里尔在曼丹村与全队重聚。这计划实在复杂，要环环相扣尤其不易，这支小小的探险队分出五路执行不同的任务，又没有任何通信工具，简直难以想象。

路易斯要去的北部是黑足人的领域，黑足人以强悍好战著称，此行风险极大。路易斯要队员们自告奋勇，报名的人不少，路易斯选择了德鲁拉德、费尔德兄弟、盖斯班长等六人北上玛丽亚斯河。

行期在即，没有美酒壮行，只有心中深深的祝福："亲爱的战友，一路多保重。"

二十四 分头行动在茫茫荒原上

1806 年7月3日清晨，路易斯写道："我离开了宝贵的朋友和伙伴克拉克上尉，以及和他同行的队员们，尽管我希望分别是短暂的，但不能不在这个时刻深感牵挂。"此刻他们所在的旅行者栖息地距预定的重聚地点——密苏里河与黄石河交汇处，足足向东五百英里。分手后，克拉克要经过近一千英里的行程，路易斯也要走近八百英里，都是他们从未走过的地方。在大家挥手告别的瞬间，心中都闪过这样的念头：我们还能再相见吗?

路易斯带九名队员和五名穿鼻人向导走近道，用了一天到达今天蒙大拿州的密苏拉。日落时分停下来宿营，猎手们带回三只鹿。几名向导不肯再往前走，因为前面是黑足人的领地，他们感到生命安全受到威胁。路易斯当然非常希望他们能再伴一程，印第安向导说前面的野牛之路已踩得结实清晰，一路直指"通向野牛的河流"（黑足河），接下去沿着河走就好了，迷不了路。

路易斯叫猎手们赶早去打些猎物给几个向导带上，对他们的感激之情发自肺腑。第二天是7月4日独立节，是探险队一向珍视的日子，但今年竟没有庆贺的排枪齐射。分别在即，双方都有说不出的难过。6月23日印第安向导来到队里后，带着全队走出崇山峻岭，走活了一盘棋。队员们尽一切力量善待他们，从心底里尊重他们，佩服他们的能力，尽管语言不通，彼此却结下了生死之交。而印第安青年也非常珍视这份友情，他们实在担心这支小小的队伍会遭到残杀，然而送君千里终须别，是挥手告别的时候了。

印第安人出发北上，路易斯一行向东五英里后到达黑足河，沿河向东穿越林木覆盖的高原、多石的山岭，一路上可以看见新近留下的印第安人路过的痕迹，看来马群很大，多半是狩猎队伍，全队时时保持警惕，好在一路平安。黑足河流域是蒙大拿最美丽的河谷，到处都有河狸水獭的踪迹。

7月7日，路易斯一行沿着缓坡走向一座山顶，这里就是哥伦比亚河与密

黑足人的锥形帐篷

苏里河的分水岭，东面在蔚蓝色的晴空下是无边无际的大平原，向山下移一步就回到美国领土上了。

到处是野牛的蹄迹，每个人都向往着肥美鲜香的烤牛肉。7月9日，费尔德猎到一头肥牛，令大家兴奋不已，又回到密苏里大平原上的动物世界了！第二天打到了五只鹿、三只麋子和一头熊。正是交配季节，整夜的公牛吼声吵得人无法入睡，惊吓了马群。跟着牛群的永远是狼群，麋鹿成群结队，无处不在。新鲜的烤牛腿、脆嫩的牛舌竟比记忆中的更加鲜美。

7月11日，他们到达密苏里河大瀑布上游营地的对岸，那一带牛群大得惊人，在两英里范围内，路易斯估摸着有不下一万头野牛。要过河，没有船怎么办，大家想起曼丹人的办法，用柳树枝干做架子，包上牛皮，做成皮筏子。刮着大风，队员们一直干到天黑。

第二天早上发现带来的17匹马中有7匹不见了，路易斯觉得多半是被印第安人的狩猎队伍偷走了，立刻派德鲁拉德去追盗马贼。德鲁拉德领命策马而去。

队员们把行李搬上皮筏子，划过河去，剩下的十匹马也游过了河到达北岸，也就是去年搞大瀑布陆上运输时的上游营地。打开地窖后发现路易斯辛苦收集整理的全部植物标本都在发大水时被损坏了，考察报告和地图受潮，大多数药品也受损。夜里蚊子成团袭来，大狗被叮得惨叫，满地刺人的仙人球，到处闪过响尾蛇，灰熊时有出没，日夜熊吼狼嗥。

7月14日，他们挖出了窖藏的车架、车辘轳和路易斯的"发现号"船架，情况尚好。第二天，路易斯派人去大瀑布下游营地，发现队里最好用的那条白船，未受损坏。队员们忙着做肉干，缝衣服，修理船只。三天过去了，出去追盗马贼的德鲁拉德依然不见归来，路易斯非常着急，这一带灰熊很多，只要人和马分开，遇到凶猛的灰熊就极少有生还的可能。万幸的是7月15日这天下午德鲁拉德归队了，他找了两天才发现盗马贼的15个棚子，人不少，他又差着两天的路程，追不上，只得空手而归。其实就算是追上了，他一个人也对付不了一队人。

路易斯深感这一带不安全，如果留下的人太少，遇到成队的印第安人，会遭到袭击抢劫。他决定把自己北上勘察玛丽亚斯河的队伍从原计划的七人减为四人，只带最棒的山林人德鲁拉德和费尔德兄弟，留下盖斯班长等三人。这样全部留在上游营地的是六人，等待从克拉克队里分出来的奥德维班长带九个人从幸运营地驾小船来这里，共同搞大瀑布陆上运输，把船和物资运过大瀑布后，驾船到玛丽亚斯河流入密苏里的河口，接应骑马返回的路易斯一行。路易斯预计8月5日到达河口，指示他们最迟等到9月1日，等不着人，他们就去下游黄石河口，去找克拉克一行，路易斯做了最坏的准备。他留下四匹马搞水陆联运，自己带六匹马上路了。

7月16日，路易斯的小队出发了。本来他计划带上几名穿鼻人与黑足人会谈，达成和平协定。现在没有穿鼻人同行，又知道黑足人十分凶残，他希望尽量避免与黑足人打交道。这一路是无边的绿色草原，数不尽的牛群，有一大群牛竟绵延12英里。7月18日晚上，他们抵达玛丽亚斯河口，一到河口就感到进入了黑足人的腹地，他们恨不得长上前后眼，处处提防。

7月21日下午，玛丽亚斯河分为两支，他们选择了北部支流，希望到达河流最北端。7月22日，路易斯一行到达离落基山脉20英里的一个美丽的山脚下，只见玛丽亚斯河北部支流远远地从西南方向流来，路易斯感到他脚下的地方已经是河流的最北部。看来密苏里河的这条支流不可能到达北纬50度了，也就是说，美国领土不可能到达北纬50度了。跑了这么远的路，竟没有看到自己希望看到的情况，对此他深感失望，把营地命名为失望营地。

第二天，德鲁拉德按路易斯的指示去察看这条河是否已到达最北端，德鲁拉德不仅证实了路易斯的判断，还带回令人紧张的情报，他看到一片有11个棚子的印第安营址。按道理应该尽快离去，怎么办？已经到了这里，路易斯需要做天文观测确定纬度，但是连天阴雨无法观测，他们焦急地一直等到7月26日早晨，直到9点钟依然不见天晴，路易斯不得不放弃，四个人收拾东西启程。

那天午后，德鲁拉德去河谷里打猎，路易斯带着费尔德兄弟向山上走去。在到达山顶时，路易斯忽然发现前面约一英里外有三十来匹马，几个骑在马上的印第安人正盯着下面的河谷，大概是看到德鲁拉德了吧，真是冤家路窄，不过事已至此，跑都跑不成，那样会招来追兵，更何况决不能扔下德鲁拉德不管，只剩下一条路，硬着头皮上前去打招呼。路易斯让约瑟夫·费尔德展开一面旗，三个人一起慢慢向印第安人走去，很快对方就注意到他们，似乎也颇有疑虑，十分警惕。

忽然看见一名印第安人骑马向他们冲过来，路易斯下了马，站下来，那名印第安人也似乎松弛下来。等他走到一百码外，路易斯挥手致意，他却掉头而返。现在看清楚一共是八个年轻人，但不知道是否还有别人隐藏在山崖背后，如果人和马匹数量相当，他们就处于绝对劣势了。气氛紧张起来，路易斯此刻心里想的是珍贵无比的考察报告，他发誓拼死也要保护这些文件，费尔德兄弟严肃地点头赞同。

双方谨慎地靠拢致意，握手，看来对方不超过八个人，还可以对付，路易斯感到踏实一点。此时太阳偏西，路易斯建议双方一起下山宿营，在下山的路上遇到了德鲁拉德和派去找他的两个人，大家一起来到山下河谷里，一处绿草如茵的盆地，中央有三棵高大的棉白杨树，几个黑足人青年很快用柳枝弯成拱形，盖上牛皮，做成棚子，并邀请白人和他们一起坐进棚子。费尔德兄弟在外面的篝火旁躺下，路易斯和德鲁拉德进棚，与他们一起吸烟，通过手语交流。

据黑足人讲，他们所属的一大队人马离这里有一天的路程，队里有一名白人。另外还有一支大队在玛丽亚斯河口猎牛，离这里有几天的路程。看来这一带真是黑足人的天下了，有白人皮货商在队里，他们就有办法搞到枪支，这八个人手里就有两条旧式步枪。他们告诉路易斯，只要骑六天的马，可以沿着很好走的路到达英国人的贸易站，用皮货换武器、酒、毯子之类，看来英国公司已在这一带推开了贸易网，这正是杰弗逊总统最不愿意看到的情况。

路易斯开始向他们宣讲印第安部落间的和平，宣讲美国，告诉他们在玛丽亚斯河口有一队军人会前来接他的小分队。他请这几位印第安人派两个人去附近的狩猎大队，邀请黑足人首领到河口去开会，并希望首领们同行去华盛顿，印第安人没有回应。他们对烟草极感兴趣，只要有烟，谈谈何妨。其实黑足人决不希望其他印第安部落也有机会和白人贸易，特别是如果美国人把枪卖给他们的敌对部落，就会打破他们与白人贸易的垄断优势地位，这是他们决不愿意看到的。

　　费尔德兄弟睡在棚外，路易斯在11点半时把罗宾·费尔德叫起来，要他注意印第安人的行动，如果有情况，立刻叫醒他们。劳累了一天，他倒头便沉沉入睡。

　　7月27日凌晨时分，印第安人醒来，围着烤火，约瑟夫·费尔德轮班上岗，他大意地把枪放在熟睡的兄弟身旁。印第安人看到他手中没枪，其他白人都在睡觉，思量着机不可失，有一人乘约瑟夫不备，偷偷抓起熟睡着的罗宾·费尔德身边的两把枪，另外两个人钻进棚子，抓起德鲁拉德和路易斯的枪，正拿枪要溜，被约瑟夫一眼看见，急忙冲过去拿自己的枪，却发现一名印第安人扛着他们兄弟俩的枪在跑，他大叫着追了上去，罗宾闻声跃起，两个人追了五六十步，赶上了印第安人，一阵扭打，罗宾一刀捅入印第安人的心脏。

　　与此同时，德鲁拉德早被闹声惊醒，睁眼就看见一名黑足人在拿他的枪，一步跃起，冲上前扭住印第安人，争夺步枪。路易斯猛然醒来，浑身一机灵，只见德鲁拉德正和印第安人扭成一团，路易斯伸手去拿枪，枪不见了。路易斯大惊，立刻从枪套里拔出手枪，扫视周围，见一名印第安人正拿着他的枪飞跑，路易斯一个箭步蹿出去，高喊："放下我的枪！"那印第安人转过身来，他打手势要他放下枪，否则就开枪。费尔德兄弟也追过来，举枪瞄准，正要开枪，被路易斯叫住，那个印第安人面对三条冲着他的枪，只得扔下手中的枪，慢慢退去。这时德鲁拉德也夺回了自己的枪，喘着粗气，请求枪击印第安人，被路易斯拦下。

　　怎么回事？路易斯问费尔德兄弟，他俩话音未落，却见几个印第安人在赶他们的马，路易斯高声命令："对盗马贼可以开枪！"德鲁拉德和费尔德兄弟去追赶多数印第安人，路易斯转向两个正赶着一群马跑的印第安人，在离营地大约900英尺远的地方，他们钻入沟壑中，一个人跳到一块岩石后面，另一个人拿着一杆枪，转身对准30步开外的路易斯，路易斯先下手为强，一枪击中印第安人腹部，黑足人挣扎着跪起来，迅速瞄准路易斯，扣动扳机，只听子弹从头顶呼啸而过，路易斯险些中弹，受伤的印第安人爬到岩石后面，估计是难以生还了。

　　路易斯没带子弹袋，只能赶快撤离，这时德鲁拉德听到枪声，匆匆赶来

黑足人首领

救援，不久费尔德兄弟赶着探险队的四匹马回来了。草地上还有印第安人丢下的马匹，路易斯扫视了一遍马群，当机立断，挑出四匹印第安人的马，三匹探险队自己的马，共七匹好马，准备上路。

他们面临着印第安人搬兵来救的险境，急匆匆装行李备马，路易斯一把火烧了印第安人扔下的四个盾牌、两张弓、两筒箭等，收起他们落下的一把枪、一些牛肉和一面旗。他余怒未消，把昨晚给印第安人的徽章挂在死者的脖子上，"让他们知道我们是谁！"在整个漫长的旅途中，这是第一次，也是唯一的一次流血事件，两名年轻的印第安人丧生，不管出于什么原因，这决不是探险队的初衷。

无疑，黑足人会飞奔向最近的部落报告，如果大队印第安人马闻风而动，紧追过来，他们绝不是对手。如果印第安人的队伍按照昨天路易斯告诉他们的接应地点，赶在前头，到达玛丽亚斯河口，而正顺流而下的奥德维班长一行对这一切一无所知，毫无防备，真不知会发生什么事，刻不容缓，一定要赶在印第安人前面到达河口。

他们快马加鞭，以每小时八英里的速度从早上一直跑到下午三点半才停下来，让饥饿劳累到极点的马停下来吃草，歇一下，自己也吃点东西，喘口气。已经跑了63英里了，只休息了一个半小时，他们又跨上马背，再跑了17英里。天黑了下来，队员们猎杀一头野牛，饱餐一顿。吃过晚饭，又上了马，这回实在跑不动了，只能向前走了。

辽阔平坦的大草原伸向天际，四周遥远的地平线上雷鸣电闪，但他们头顶上却是一轮明月，一整夜，在皎洁的月色下他们与一群又一群的庞大牛群擦肩而过。

7月28日凌晨两点钟，路易斯终于下令停下来休息。从头一天拂晓三点半，他们经历了一场恶战，紧接着跑马一百英里，真是人困马乏，累到了极点，到了这份儿上，他们连岗哨也没设，倒头便睡。恐怕也没人能睁开眼睛站岗了。

天刚发亮，路易斯就醒了，只觉得浑身僵直，简直站不起来。才睡了没有多大工夫，可是他不得不立刻叫醒队员们，命令备马出发，小伙子们累散了架，恳求再睡一会儿，路易斯何尝不想哪怕是再躺上一小会儿也好，可是他告诉伙伴们，此刻的奋力拼搏不仅关系着我们自己的身家性命，还关系到其他伙伴的安危，争分夺秒向前奔是我们唯一的选择。

队员们当然明白，一个个机灵起来，重新上路，路易斯对大家讲，如果在大平原上遭到袭击，只有决一死战。小分队策马飞驰，将生死置之度外。

走了12英里后，他们感到接近密苏里河了，似乎隐约听见枪声。又走了8英里，离玛丽亚斯河汇入密苏里河的河口不远了，这回听到非常清晰的几声枪响，是奥德维小队发出的信号枪。世上竟有这样的巧事，路易斯小队的喜悦激动之情难以言喻。站在河岸上，简直像做梦，从大瀑布划过来的独木船就在这一刻出现在河面上，向他们划来。他们从崖岸上飞奔向河边，七手八脚从马上卸下行李，装上独木船，弃马登船。奔波了24小时多，跑了足足120英里，队友们意外重逢，怎能不欣喜若狂。

快，快走！路易斯按下满腔的激动，催促大家。

回头再说大瀑布的水陆联运，盖斯班长等六人和路易斯小队分开三天以后，奥德维班长于7月19日带着九名队员，驾六只独木船，载着行李物资来到大瀑布上游营地。他们是从克拉克的南路队伍中分出来的，与克拉克同行到幸运营地，在那里挖出去年留下的窖藏，找回独木船，把船划到三叉河口。从那里克拉克带队骑马走陆路去黄石河，他们则驾船直奔大瀑布。盖斯—奥德维这支15人的队伍功不可没，正是他们承担了极为艰苦的大瀑布水陆联运，送来了交通工具独木船。

这次有了路易斯留下的四匹马，使繁重之极的陆上运输容易了许多。去年用了11天时间，今年人手少了，却只用了8

天时间就完成了任务。他们在下游营地取出窖藏，找回白船，沿密苏里河划向玛丽亚斯河口，还没到达河口，就喜出望外地接到了路易斯一行四人。盖斯班长和队员维拉德没在船上，他们骑马随后赶来，计划在河口与大家相会，马留着打猎用。

　　船队中午到达玛丽亚斯河口，打开岸边大大小小的地窖，发现皮货损坏严重，但是弹药、玉米、面粉、猪肉和盐都没有问题，这些东西太宝贵了。下午1点钟，盖斯班长和维拉德骑马归来，全队一片欢乐。

　　队员们把船划到河口中央的小岛，那里藏着队里的红船，可惜已经损坏，不能用了。令人紧张的是附近有黑足人废弃的营地，他们感到分散活动不

黄石公园奇景，克拉克的支队
走黄石河，离那里不远

安全，就把马放了，全体登上小船，路易斯热切盼望见到挚友克拉克，小船飞速向前。

以后的几天进展迅速，队员们驾着小船在湍急的水流中顺流而下，以每小时7英里的时速向下游划去。猎物如此丰富，猎手们有一次打到29只鹿，每晚烧一次饭，省去做午餐的时间，一天可以多跑12到15英里。

8月7日，他们到达黄石河流入密苏里河的河口，令路易斯大为失望的是克拉克不在那里，他在一根杆子上发现撕剩下的纸条，上面有克拉克手书的"路易斯"字样，又在营地发现字条的其余部分，克拉克说这一带蚊子太多，猎物太少，他只得向前走，在下游等待路易斯了。急着要见克拉克，路易斯甚至没有停下来用一天的时间作天文观测，确定黄石河口的纬度。可惜尽管他们拼命赶，以后连着几天都没赶上克拉克的队伍。

8月11日，路易斯看到一片柳荫浓绿的沙洲上有麋子出没，他叫上好水手，独眼小提琴手克鲁冉特一起上岸去打麋子。两人在柳丛中分头行动，路易斯看见一只麋子，正举枪瞄准，忽然间，一发子弹飞来把他打翻在地，子弹从他的左侧大腿根股骨关节下一英寸处射入，穿过臀部，从右大腿侧钻出，未伤到骨头，子弹嵌入路易斯的皮裤，路易斯大叫克鲁冉特："你伤着我了！"他知道克鲁冉特只有一只眼睛，还近视，自己又穿着鹿皮衣服，直觉是被他误伤了。但是听不见回音，路易斯抓了瞎，不知这一枪是否是藏在暗处的印第安人打的，在密林丛中，谁也无法判断到底有多少印第安人。

他一面高叫着让克鲁冉特撤退，一面自己往回撤，开始还在跑，后来疼得只能拖着伤腿走了。看到队员们，他立刻命令大家跟他一起去救克鲁冉特，走了一百码，伤痛剧烈，他实在走不下去了，只得叫队员们继续搜索，自己挣扎着回到独木船上，身边放着手枪，另一边是步枪、汽枪，准备拼到最后一口气。

在紧张焦虑和剧痛之中，路易斯度过了漫长的20分钟，结果队员们和克鲁冉特一起归来，克鲁冉特矢口否认自己打中了路易斯，发誓他没听见路易斯叫他。

路易斯心里明白，克鲁冉特并非成心伤他，但也不信那一枪不是他打

1806年7月25日，克拉克在这块岩石上刻下自己的名字

的。路易斯手上有子弹，明明是探险队的子弹，美军1803年型号，不像是印第安人能有的。不过，不管怎样，事情已经发生了，虽然疼得冒冷汗，路易斯没有追究下去。盖斯班长帮着路易斯脱下衣服，路易斯挣扎着将纱布塞入两侧的弹洞。他不能坐，只能趴伏在独木船上。

下午四点钟，船队来到克拉克昨晚宿营的地方，大家都盼着尽快与队友重聚。一名队员发现克拉克挂在竿子上的一张字条，条上说，去曼丹村送信的普里尔班长一行四人在路上丢了马，他们设法制成牛皮筏子，从水路回到克拉克的队里。在黄石河口营地那张撕坏的字条，就是普里尔路过时失手拽破的。

普里尔一行能够归队是大好事，但送信的任务无法完成使路易斯不由得深感失望，心情沉重。杰弗逊总统再三叮嘱他们尽一切力量与印第安人交好，为美国建立西部贸易网打开通道。在当时，最重要的西部道路是密苏里河，沿河两个最大最强悍的印第安部落就是上游的黑足人和下游的梯顿—苏人。现在他们与黑足人发生了流血冲突，消息不胫而走，关系肯定好不了。而探险队在来路上曾与下游的梯顿人剑拔弩张，也是几乎决一死战。

有什么办法缓和这种紧张关系？路易斯寄希望于在曼丹村遇到的西北公司代理商享纳，他曾表示愿意为美国效力。此人在这一带广有关系，路易斯本来希望通过他去游说，说服梯顿首领去东部参观，与杰弗逊总统会谈，看看富庶兴盛的美国，希望他们能够亲身感受美国的力量，明白与美国作对是徒劳的，至少不要阻碍商船过往。

普里尔带的马群是希望作为活动经费，给印第安首领送礼用的。路易斯在信中请享纳同行去东部，为梯顿首领做翻译，连工资费用都讲明了，今后希望他成为美方贸易代理人，也明确讲了工资待遇。如果享纳不在曼丹村，他要普里尔班长骑马去享纳所在的加拿大贸易站送信，也想借此机会把美国探险队到达太平洋岸及玛丽亚斯河北端的消息透露给加拿大一带的行政机构，等于告诉他们，美国人已经捷足先登了。路易斯计划周密，颇用了一番心思。然而忽闻普里尔送信受阻，去不成曼丹，这许许多多的希望和计划就全部付之东流，密苏里河上的两大强悍部落与美国人对立的局面看来一时无法改变了。

其实，话说回来，即使一切顺利，信送到了，还有最要紧的一层，人家印第安人有自己的想法和行为方式，哪能轻易被别人"引领"前进。路易斯纵然有再多的希望和计划，到底有多少现实性则很难讲了。

路易斯心里不痛快，伤痛剧烈，别人上岸宿营，他动弹不得，整夜俯卧在小船上，一夜高烧，用了金鸡纳树皮膏敷在伤口上，早上他依然疼痛僵直，但烧总算退了下去。

8月12日早上8点钟，他们遇到了两名白人皮货商迪克森和汉考克，两人逆流而上打算去黄石河一带捕猎。这是两个充满西部开拓冒险精神的人，他们已经被印第安人抢劫过，汉考克还受了伤，却依然不改初衷。

头一天他们与克拉克一队在河上相遇，这会儿又见到路易斯一行。这是很长时间以来，第一次遇到白人，路易斯尽管伤痛得厉害，还是热心地告诉他们路上的情况，哪里有大量的河狸，还送了一些子弹、弹药给他们。

下午一点钟，路易斯一行赶上了克拉克的队伍，克拉克听说路易斯受伤，大惊失色，冲向小船，路易斯抬起头来，告诉他伤不重，没伤到骨头，三四周之内就能痊愈，克拉克长舒了一口气。终于全队重聚，最最重要、最好的消息是：每一个人都还活着！重逢的喜悦激动无可言表，别后的话题说不尽道不完。克拉克为路易斯洗伤口，重新包扎。

当天晚上那两名白人皮货商又来到营地，不知为什么他们推迟了行期，决定与探险队一起去曼丹村。路易斯忍着伤痛记下了8月12日的日记，这天的日记是路易斯探险日记的终篇，以后则由克拉克来记了。

话分两头说，克拉克带领的南路队伍1806年7月3日与路易斯的北路队伍告别，从旅行者栖息地出发，带着18名军人、查伯纳一家三口和黑人约克以及50匹马，奔向他们在来路上与肖肖尼人会晤的幸运营地。萨卡加维亚从小在那一带生活，给大家指路，走得很顺，路况很好，走了五天，7月8日到达幸运营地。

营地附近，探险队窖藏了不少物资，在一个水塘里沉入七只独木船，队员们几乎等不得卸下马鞍就急冲冲去挖地窖，那里面有他们向往太久的烟草，克拉克留下一部分带给路易斯，小伙子们过足了烟瘾。大家把七只木船打捞出来，有六只情况尚好，一只损坏。队员们修船装货，忙了两天。7月10日一早，他们出发去三叉河口，划船的划船，赶马的赶马，7月13日中午到达那里。

克拉克立刻卸下行李，准备分队行动。午饭后奥德维班长带领九名队员，一封克拉克给路易斯的信，与克拉克的马队挥手告别，驾船沿密苏里河而下，去大瀑布，他们将与路易斯留在那里的盖斯班长一行六人碰头，共同承担从陆上运输船只和物资的重任。

克拉克带其余的8名军人、查伯纳一家以及黑人约克赶着50匹马，走陆路翻过横亘在密苏里河与黄石河之间的山岭，去黄石河考察。萨卡加维亚继续带路，他们快速走过山川河流，一路上看到大群的鹿、麋子、羚羊和各种动物，河里生息着许许多多河狸，野牛路清晰可辨。

7月15日，他们看到两个山口，萨卡加维亚指路，选择了伯斯曼山口，然后沿山路而下，果然顺利到达黄石河上游。从三叉河口到黄石河约48英里，有土生土长的好向导，走了两天，一点没耽误。令克拉克失望的是黄石河沿岸不见足以造独木船的大树。下着雨，他们淋得浑身透湿，骑着马继续向东走。7月18日队员吉伯森被马甩了出去，伤得不轻，只得找一匹驯良的马用担架驮着他，就这样还是被颠得疼痛难忍，只得留下两个人照看他走走停停。那天傍晚，克拉克高兴地发现附近有足以造独木船的高大棉白杨树，决定立刻停下来设营地，造船。令人不安的是查伯纳报告说，河对岸远处有印第安人闪过。

从7月19日到24日他们用了五天时间，造了两只28英尺长的独木船，为了求稳，用绳子拴在一起。那几天夜里连连丢马，开始搞不清是吃草走失的，还是被谁偷走的，虽然只是一两匹、两三匹马，但奇怪的是总是最好的马不见了，最后一次丢马数量最大，一半马都不见了，原来的50匹马只剩下24匹，肯定是被盗了。哨兵去找，发现了马群的印迹，但人马早已不知去向。此地万不可久留，走得越快越好。

7月24日，普里尔班长带三个人与大家告别，赶着剩下的24匹马出发，去曼丹村给享纳送信。克拉克手下只剩下四名军人、查伯纳一家三口和黑人约克，驾着两只连在一起的独木船，沿着宽阔的黄石河顺流而下。

第二天下午，在河岸上，离河250步开外，他们看到一座高约二百英尺的沙岩，周边长约为四百步，碧草、绿树、苍石，在开阔的平原上很引人注目。克拉克和几个人向岩顶攀去，在靠近顶端的岩壁上有印第安人刻画的动物等形象。克拉克在岩壁上刻下了自己的名字和1806年7月25日字样。这成为探险队在西进路上留下的、十分珍贵的、至今依然可见的、唯一的字迹。从砂岩顶部可以看到辽阔草原上的野牛、麋鹿、狼群，远方是落基山脉起伏的群峰。

克拉克一行于8月3日到达黄石河口，进入密苏里河。可以说，这一路相对轻松，风声、水声、平原如画，极富制图天赋的克拉克精心绘制了一路地图，大大丰富了西部地理知识，对早期西部开发贡献卓著。

本来约好在黄石河口等待路易斯和奥德维班长的船队，但是那里蚊子叮咬得令人无法忍受，小宝宝的脸都被叮肿了，野牛也不见踪影，麋子虽多，但麋子肉不易晾干，易坏。克拉克决定往前走，沿路给路易斯留下字条。

8月8日，他们十分吃惊地远远看到普里尔班长的小组划着曼丹式的牛皮筏子沿河而下，向他们划过来。原来普里尔小组出发后的第二天夜里，24匹马全部被盗，一早醒来，普里尔又急又气，去追踪盗马贼，但是靠两条腿走路的人怎么能追得上骑在马上跑的人呢。他们没有了交通工具，在荒原上孤零零的四个人，更不知道哪里藏着充满敌意的印第安人。

他们镇静下来，背起行装，向黄石河的方向走去。头一天晚上走得疲惫不堪的四个人睡得正沉，一只狼半夜光临，幸亏山侬翻身跃起，手疾眼快，一枪打中了那只狼。在这走兽出没的荒野中，如果不能归队就太难生还了，谁也不知道他们出了什么事。

带着求生的希望，他们继续赶路，走到黄石河畔的那座沙岩下，克拉克的名字已刻在岩壁上，船队早已过去了。怎么办？靠双脚是赶不上顺流而下的船队的。情急之中，他们想起曼丹人的牛皮筏子，赶紧找来柳树枝干做成两副架子，猎杀几头野牛，用牛皮包在架子上，做成两只牛皮筏子，四个人划一只筏子，拖着另一只备用。这牛皮筏子七英尺直径，圆形，很难驾驭，他们拼命向前划，终于在8月8日赶上了克拉克的队伍。

四天之后的8月12日中午，路易斯的船队也赶到了，经历了这么多的惊险曲折，大家都能活着相聚，一个也没有少，实在是太棒了！温暖的战友之情，回返故乡的热望，激荡在每一个人心头。

扔了两只笨拙的牛皮筏子，全队把行李装上五只独木船、一只白船和连在一起的两只独木船，急匆匆上了路，两天以后，遥望前方，曼丹村在望。

二十六 从天而降的英雄探险队

1806 年8月14日，探险队的船靠近曼丹村，兴奋的队员们鸣枪致意，村里人突然看到探险队归来真是欢天喜地，人们涌向岸边，首领们高兴地与队员们拥抱，大家互相交换些小礼物，坐下来吸烟。

可是两位队长一打听，大平原上的印第安部落之间，依然矛盾重重，纷争不断，互相残杀，原来的诸多调解承诺早已像一阵风吹过，就好像路易斯和克拉克根本就没有来过一样。

还有让他们着急的是原来答应去华盛顿访问的首领现在都不肯去了。总算好说歹说，首领大白答应和探险队一起去圣路易斯，再从那里出发去华盛顿。条件是要带上他的妻子和两个儿子，尽管船上再坐这一家四口实在是超负荷，克拉克还是同意了。

在大家都盼着回家的时刻，队员考尔特却另有打算，那两位与探险队一路回到曼丹的皮货商人迪克森和汉考克邀请他共赴黄石河捕猎。8月15日，考尔特向两位队长申请离队，得到批准，大家衷心地祝愿他一路平安。

曼丹人热情地送来玉米，8月16日各村首领都来会晤，送来的玉米几只小船装不下，只能收下一部分。全队都非常感谢曼丹人，两位队长决定将旋转炮留在曼丹村。会议结束后，他们打响旋转炮，印第安人情绪热烈，将这份珍贵的礼物送回村里。

探险队不能久留，在曼丹只待了三晚，8月17日就要上路了。这一天查伯纳领到500美元的劳动报酬，克拉克一路关照小宝宝，非常喜欢这个活泼可爱的孩子，这时提出愿意领养他们的"漂亮而颇有希望"（克拉克语）的小儿子，使他受到良好的教育。当时查伯纳夫妇感到孩子还小，尚未断奶，希望一年后再把他送到克拉克那里，后来克拉克果然言而有信，抚养教育了他们的孩子，承担了一般人轻易不会承担的责任。

在8月20日克拉克给查伯纳的信中提到，萨卡加维亚一路上经受了极度的艰难困苦，由衷地感谢她的奉献、贡献。对于萨卡加维亚，怎样的赞誉都不过分。先不说她在关键时刻起的关键作用，她实在是比谁都不容易，眼看着怀中的小宝宝一路跟着她吃了那么多苦，遭了那么多罪，她的心都在流泪，难怪这身背幼儿的年轻印第安妇女深深打动着一代又一代的美国人。

8月17日下午两点，考尔特向大家挥手告别，当全队人顺流而下返回家园时，他又一次逆流而上，进入荒野。当时谁也不会料到，他此行发现了美国的第一个国家公园——黄石公园，经历十分惊险，终于大难不死，虎口逃生，这一切使他踏着荒原之路走入美国历史，成为代表西部开拓进取精神的传奇人物。

在曼丹村逗留期间，路易斯行动依然十分困难，送往迎来的事都交给了克拉克。在与考尔特和查伯纳一家告别后，克拉克带着船队沿河走了半英里去接南村的首领大白，曼丹人在岸上跟着船队依依送行。当克拉克走进大白的棚屋时，看到他正与许多朋友围坐吸烟，妇女们在流泪哭泣。等他们一家上船后，印第安人请求稍停片刻，容他们与大白一家最后话别，许多人痛哭失声，人们都怕再也见不到他们一家人了，大首领殷殷嘱咐克拉克一定要照顾好他们的大白。大白是勇士，敢于冲出去看看外面的世界。乡亲们的担忧绝非空穴来风，他们一家此行确实很有危险，尽管在华盛顿受到热情接待，但是回程却受到梯顿等部落的阻挠，几经周折，直到1809年9月他们一家人才在军人的护送下返回曼丹。

下午探险队鸣枪作别，沿密苏里河快速前进。四天后他们路遇三名逆流而上正往西部去的法国人，得知去年春天随大龙骨船返回圣路易斯的阿瑞卡拉首领后来到达华盛顿，但在归途中不幸染病身亡，部落里的人尚不知此事。当天下午探险队到达阿瑞卡拉村，那里的村民还在等待盼望着他们的首领返回，这是一件无可挽回的憾事，后来引起阿瑞卡拉人的误解和极大愤慨，当时路易斯和克拉克心中明白，也很难过，却无言以对，没有明说此事。

往后的路上，路易斯在慢慢恢复，至八月底已经能支撑着走一点路。两岸是无际的草原，蓝天下漫游着数以万计的野牛、麋鹿和千姿百态的各种动物。尽管看似和平宁静，探险队员们却不会忘记两年前在密苏里河下游，与梯

越往密苏里河下游走，河上来往船只越多

顿人的紧张对峙，非常警惕。

8月31日，出去打猎的人看到有印第安人在活动，接着从河对岸的林子里，在离他约四分之一英里以外的地方，走出了八九十名弓箭武装的印第安武士。听到对方鸣枪，探险队也鸣枪两次回应。

为了搞清楚他们是谁，克拉克带着翻译乘小船过河，来到一片可以和对岸喊话的沙岛上，这时三名印第安青年也游了过来，登上沙岛。一了解竟是梯顿—苏人，首领就是黑野牛，正是两年前与探险队剑拔弩张，几乎造成流血事件的部落。克拉克立刻警惕起来，请他们不必过河到探险队的营地来，声明在先，只要有人过来就开枪。

克拉克登船，那些印第安人看到船上有玉米，居然开口要，被克拉克一口回绝，克拉克气不打一处来，要他们带话给首领，探险队没有忘记他们的所作所为，今后白人商人如果要在这一带过往，就会带够足以对付他们的武装。还说，知道他们要去打曼丹人，探险队已经给了曼丹人枪炮。克拉克再次警告他们不得靠近这条河，对方也不示弱，站在山顶上喊话威胁。

克拉克焦急地等待着落在后面的载着加侬炮的小船，还有后面的队员。六点钟时，他欣喜万分地看到小船出现在河面上。约瑟夫·费尔德打到三只鹿，全队立刻出发。一名印第安人从山坡上走下来，呼喊着要他们上岸，探险队不予理睬，继续向前，那人退到山顶上，用手中的枪在地上狠狠跺了三次，据说这是很重的诅咒。

气氛紧张，探险队向前划了六英里，在河中间的一个大沙岛上宿营，可以看见远处有印第安人从山顶上盯着他们。这个岛正对着风口，十分潮湿，且多风沙，选择这里是因为风大就没有蚊子，四面环水，也易于防备夜里梯顿人突然袭击。还好，一夜无事。

两天后，9月1日上午9点钟，他们看到九名印第安人从岸上走过来，远远地打招呼。看来像是梯顿人的战斗队。通过翻译喊话问他们属于哪一个部落，不知他们听明白了没有，听不见回音。

令克拉克不安的是还有一只船落在后面，他立刻选择了一个制高点登岸，

密苏里河上的
皮货商

决心在那里等待后面的船过来。15分钟后，听到几声枪响，克拉克的心都提到了嗓子眼，难道是印第安人对后面小船上的三个人下了手？他带领15个人冲过去掩护，路易斯则带领其余人防守，保护小船。

克拉克带队向前冲了250码的样子，远远看见了队里的独木船，离印第安人很远，约有一英里。他定下心来，走到沙滩上和几个印第安人握手，打招呼。一问原来他们刚才是开枪打靶子，目标是探险队刚刚扔到河里的小破桶，真是虚惊一场。询问一番，这几个人属于友善的彦克顿部落，他们与随队去东部的曼丹首领大白一家热情地打招呼。一石落地，皆大欢喜。

9月4日上午11点钟，船队在弗洛伊德山崖靠岸，岸边的小山上埋葬着两年以前在路上病逝的弗洛伊德班长。走近前，发现墓地被掘得半开着，他们动手再次掩埋好同伴的尸骨，默默致哀，含悲离去。美国人民永远感激纪念这位牺牲在探险路上的年轻人。今天在依阿华州的苏市，矗立着一座一百英尺高的弗洛伊德纪念碑，高度仅次于美国首都的华盛顿纪念碑。

探险队有所不知，就在这一时刻，一支规模不小的西班牙军队正在行动。他们奉命六月份从桑塔菲出发，意在俘虏或摧毁这支探险队。此

探险队经过的堪萨斯河口，早已
成为繁华的大城市堪萨斯城

时他们到达了今天的内布拉斯加中南部一条河边的波尼印第安村落，离密苏里河只有几百英里了。这支军队的力量大大超过了美国探险队。但是当波尼人拒绝加入这支队伍后，西班牙指挥员不知什么原因调头而返。然而，即使他们赶到密苏里河，也为时太晚，探险队早已过去了。

队员们思乡心切，齐心协力快速划着浆，顺流急速而下。9月9日，船通过普莱特河口，滔滔河水注入密苏里河，使水流更快更急，船队以每天几乎50英里的速度前进。克拉克为路易斯的康复而高兴："他已经能像以往一样走路，甚至奔跑了。"

越靠近圣路易斯，逆流而上的商船就越多，船上的人见到探险队归来，个个又惊又喜，他们热切地了解西部信息，拿出威士忌酒、烟草招待。路易斯和克拉克则如饥似渴地打听美国近来发生的一切。9月14日，他们又一次与热情的商队相遇，对方送来威士忌酒、饼干、猪肉和洋葱，受到队员们的热烈欢迎。晚上宿营后，每人分到一份酒，吃着久违了的家乡美味，想到不久就要回到亲

人身边，群情激动。小提琴声响起，这伙年轻人载歌载舞，直到夜里11点钟。

第二天，船队到达堪萨斯河口，停船上岸，登上一座看来今后可建立要塞的小山。这陡峭多石的崖岸耸立在大河之滨，俯瞰着下面的河流平川。他们站立的地点就是今天密苏里州的大城堪萨斯城。在当时，谁也不会料到，探险队足迹所至的地方，后来有多少城镇蓬勃兴起。

9月17日，迎面而来的一艘大船上站着路易斯在部队结识的老友麦克可兰仑。见到路易斯他大吃一惊。当时各种说法都有，有说整个探险队全部遇难的，还有说西班牙人逮捕了他们，把他们送到矿里作奴隶干苦工的。人们早已放弃了希望，只有杰弗逊总统还在盼着他们归来。如今这活生生的一队人简直像是从天上掉下来的。老友重逢，喜出望外，麦克可兰仑拿出饼干、巧克力、砂糖和威士忌酒，热情招待。

再往下走，由于商船过往频繁，河边上已打不到猎物了，要是停下船，派人去远处打猎，速度会慢许多。这一带河岸上有许多李子树，果实累累，队员们宁愿吃李子过活也不愿意耽误时间打猎，全队一个心劲儿往家奔。

9月20日，远远看见碧绿的草地上一头头奶牛在悠闲地吃草，全队齐声欢呼起来，一路见过不知多少牛，但这是家乡的牛，家乡的田园风光，远行的游子归来了！很快到达拉查特村，队员们经队长同意三次鸣枪致意，停靠在岸边的五艘商船也鸣枪三次还礼。村里人奔走相告，"不管是法国人还是美国人，每个人都为我们的归来而欢欣鼓舞，见到我们归来大吃一惊，他们告诉我们，还以为我们早就不知道消失在哪里了呢。"克拉克写道。

第二天，在圣查尔斯，他们又一次鸣枪登岸，许许多多人冲向岸边欢迎他们。再往下走，探险队更是一路受到人们发自肺腑的热诚欢迎，每到一处都是

今日堪萨斯城
一角

一片欢呼。

9月22日，他们来到美军在密西西比河以西建立的第一个军营要塞，在那里的商店中为大白一家四口挑选购买了全套新衣服，不知这一家在原始乡村中生活了一辈子的人，第一次走进商店是什么感觉。

9月23日早上，探险队踏上了最后一天的航程。上路不到一小时，船队告别了千里送行舟的密苏里河，从河口进入密西西比河，途经两年多以前的冬营地——杜波依斯营地。他们正是从这里出发，行程八千英里，经历了无数艰难险阻，今天他们终于回来了！没有多耽搁，队员们飞快地划着小船直奔目的地圣路易斯。

1806年9月23日中午12点，探险队到达旅途的终点圣路易斯。当船队靠岸时，等待着他们的是全镇一千多居民。男女老少，人欢马叫，激动万分的队员们鸣枪致意，岸上的人们一片欢腾。镇子上的一个人写道："他们从上到下穿着鹿皮，活像是鲁宾逊飘流归来。"

这支队伍奇迹般地闯过无数天险，抵达太平洋。他们离开时人们对西部一无所知，归来时满载着令美国举国上下渴望知道的消息，成了一队凯旋归来的英雄。一个接一个的舞会盛宴，处处受到人们的热烈欢迎，每个队员都得到政府赠予的640英亩土地作为奖励，路易斯和克拉克每人是1600英亩土地。探险队的任务完成，在圣路易斯解散。此后路易斯等人返回华盛顿，一路向东，一路是欢庆的舞会。从圣路易斯到印地安那、肯塔基、弗吉尼亚直至白宫，人们举杯盛赞他们的智慧和勇气。全国的报纸都刊登了探险队归来的消息，写诗撰文赞美他们。后来路易斯的雕像落成，放在美国独立厅内。用一位参议员的话说："他们简直像是登月归来。"

当探险队到达圣路易斯时，在一片欢腾声中，路易斯的第一个问题是邮车何时开？听说邮车刚走，他立刻派人去把邮车叫住，等待他写给美国总统的一封重要信件。这是一封长信，在信中他盛赞挚友克拉克上尉，概述了一路见闻。

杰弗逊总统在复信中说："来信收悉，欣喜之极，其情难以言喻……"

杰弗逊作为美国的开国之父之一，《独立宣言》的起草人，他热切企盼着年轻的共和国日益昌盛，一步步向西推进，最终成为横跨北美大陆，滨临两大洋的大国强国。同时作为一个学识渊博、求知若渴的智者，他热望了解西部的高山大河，人文地理、动物植物、土地矿产……为此他在二十多年中一次次尝试派人去西部探险，均未获成功。这一次，他选派了路易斯，一个有勇有谋、豪气过人的青年军官，也是他家的近邻露西·马科斯夫人的爱子，见路易斯久去不归，杳无音讯，他的心里会有多少牵挂，多少忧虑。今天这个勇敢的青年和他的伙伴克拉克带领着几乎完整的一队人载誉而归，杰弗逊总统多年的梦想成了现实，他怎能不"欣喜之极，其情难以言喻……"

从此，路易斯和克拉克领导的西部探险队永远地走入了美国历史，成为极富传奇色彩的美国西部开发史中的最具魅力的篇章，一个为世世代代美国人所热爱的真实的历史故事。

路易斯和克拉克领导的
西部探险记入史册

二十七 西部巨变

杰弗逊总统曾预计，大约要一百代人也就是两千年时间，美国人才能住满路易斯和克拉克勘探过的土地。那时人们都觉得扩展到太平洋简直像做梦，实在遥遥无期。从1607年第一个北美殖民点在东部大西洋岸边建立，直至1806年西部探险队归来，北美人民垦殖西进了两百年，三分之二的人口仍然住在离大西洋岸50英里的一条狭长土地上。更何况当时大西南和大西北也根本不属于美国。直到19世纪中叶，美国才通过各种手段取得了今日的西部。

实际上，美国西部发展之神速，堪称美国历史上最令人振奋的故事，只可惜多数探险队员都去世

一辆辆大篷车踏上
西进之路

西部牛仔

在修筑西部铁路最艰苦的路段中，"留辫子"的中国苦力成为主力，勤劳能干，流血流汗，功不可没

很早，没能看到这一幕。但是也有一个例外，就是盖斯班长，他活到1870年99岁高龄。其时，美国西部边疆已扩展到路易斯安纳领土以西的地方。短短64年翻天覆地的山河巨变，一定会令盖斯老人感慨万千。

最开始，追随探险队的足迹，一批批皮货商人进入西部的高山大河。接着，一队队大篷车拉家带口踏上西进垦殖之路。他们先是沿着河流疏疏落落地定居，以后又有新的家庭迁入，人口逐渐密集起来。

1849年加利福尼亚发现金矿，千千万万人如潮水般涌向太平洋沿岸，成为举世闻名的淘金潮。有人发现了一条被称作俄勒冈小道的山路，可以穿越山岭到达西北宜于耕作的河谷地带。短短几十年里，大片的森林和草原变成了田园、乡镇。

19世纪60年代中期到80年代中期，一度兴起庞大的西部牧牛王国。成千上万的牛被牛仔们赶往通火车的地方，装上棚车运往芝加哥，再屠宰冷冻运往东部。沿途小镇兴起，广阔的西部大平原上迁入西进开拓的人群。虽然西部牛仔随着牧牛王国的衰落而消失，但中西部的发展持续下去。牛仔们持枪跃马的形象成了西部人的典型。他们惊险浪漫，越传越神的故事成了西部精神、西部文化的重要组成部分而世代流传。

不能不提的还有这段时间里美国科学技术的飞速发展。木船、快马变成了机械化的交通工具。1807年，也就是探险队归来的第二年，富尔顿的汽船在哈德逊河上首航。至1840年，美国各地河网上已有五百多艘汽船穿梭往来。

19世纪50年代，汽船在河上往来穿梭

1828年开始修筑铁路，到1860年，全国已有三万英里铁路了。1869年第一条横贯东西的铁路大动脉接轨通车，使得当年走得死去活来、千难万险的西去太平洋之路，一下子变成了舒舒服服几天便可到达的轻松旅程。

1861年西部联合电报公司成立，很快通信网络推向全国。对比当年，人们一旦进入西部荒原，就音讯全无，这是何等巨变。

当然也有太多的为探险队员们始料未及的事情发生。谁也不会料到，曾经使队员们惊奇不已的庞大野牛群已被猎取到频临灭绝的境地；灰熊和麋鹿已退到遥远的群山里去了；水中数不清的水獭、天地间盘旋飞翔的各种鸟类，在人类进军荒原的进程中失去了它们自由生存的天堂；而世世代代生息在那片土地上的印第安人也惨遭白人军队的驱赶屠杀，踏上一条条眼泪之路，被赶到荒凉的保留地去生活。这一切留下了永远无可挽回的太多的遗憾。

圣路易斯是西部探险的起点，这座极具象征意义的西进之门为纪念路易斯安纳土地购买和西进运动而建

从1804年5月至1806年9月，美国西部探险队全程走过美国第二大河——泥沙俱下的密苏里河，穿越了漫游着无数牛群鹿群的茫茫中部大平原，翻过北美大陆分水岭落基山脉的冰峰雪岭，直下西部滔滔大河哥伦比亚河，抵达惊涛拍岸、雄浑壮阔的太平洋海岸。历时两年多，来回行程约八千英里，其间，只有弗洛伊德班长一人因病而亡，被历史学家们称为奇迹，奇迹是怎样发生的呢？

在当时十分原始的条件下，这是一场人类的血肉之躯与威力无比、神秘莫测的大自然的较量。有一百条理由，有太多的关口，让人实在无法忍受。他们该放弃，该回头，是什么力量使他们挺过来了呢？应该说是一种精神，一种为年轻

Portraits of *Meriwether Lewis* and *William Clark*
Charles Willson Peale, 1807-08
Independence National Historic Park
INDE 11870, INDE 14096

46

ty extends

n control

the cape.

Columbia Rediviva 1792
rical Society, #OrHi 984

1805

Lewis and Clark
Expedition visits the cape
and finally stands on the
shore of the Pacific Ocean.

悬挂在太平洋岸展览中心的历史条幅
记载着1805年探险队曾到达这里

的共和国奉献一切的使命感、荣誉感，在路易斯的日记和信件里漾溢着这种激情。这一队年轻人全都生长在独立战争前后那一段激情燃烧的岁月里，是豪情满怀的一代。

探险队的两个带头人功不可没。首先，杰弗逊总统慧眼识人，选择了路易斯，接下来路易斯对克拉克的选择和邀请，实在是重要得不能再重要的一笔。这两个在拓荒生涯中长大，在边疆军旅生活中备受历炼的年轻人，有着极强的能力和极高的天分，彼此间有着深厚的信任和生死与共的友谊，他们的友谊被称为美国历史上最伟大的友谊之一。两个人性格迥异，但都极富人格魅力，因此深得人心，成为全队的灵魂，使得这一队来自四面八方、三教九流、带着野性的年轻莽汉，把自己的身家性命都交付在两位队长手中，出生入死，在所不惜。

团队精神是奇迹发生的又一关键，路易斯和克拉克真是招兵有眼，带兵有方。这一队人同命运共呼吸，配合默契，吃大苦耐大劳，拼搏起来不怕死。队里不乏能工巧匠，善打猎，能驾舟，造船、盖房样样在行。他们也充满了青春的活力，大块吃肉，可惜只能定量喝酒，累了一天，还能随着提琴曲狂欢歌舞，在艰苦中保持着乐观向上的精神。

另外，不能不提的是印第安人的帮助。1804年底到1805年初这个冬天，在曼丹村落里，亏得有曼丹人的玉米，他们才得以度过漫长的严寒冬日。在那里，他们了解到西部山川河流的大量信息，也熟悉了印第安人的各种习性，对他们在未来路上与印第安部落打交道至为重要。

路易斯和克拉克下决心雇下带着奶娃娃的印第安妇女萨卡加维亚，被后来的实践证明是太明智的一项决策。正是她在最关键的时刻疏通了自己的部落、自己的亲哥哥和探险队的关系，为探险队搞到了翻越落基山的马匹，而她和背上的小宝宝本身就是探险队的一面和平旗帜，打仗的队伍不会带着妇女儿童，更何况还是印第安妇女。

虽然探险队一路上与印第安人屡有磨擦，但是说到底，没有印第安人的帮助，他们绝对到不了太平洋。

当然，不能说没有运气在里面。西班牙军队两度出动拦截而未遇；路易

斯中弹，但未中要害；克拉克等人差一点点就被山洪卷走而幸免于难，等等等等，不一而足，惊险情节，一路不断，能够这么一路走来，只有一人病逝，实在是令人难以置信的奇迹。

二百多年过去了，今天遍布美国的大大小小的图书馆里，到处都可以找到许许多多关于这次西部探险的书籍，有成人读物、儿童读物、学术著作、画册……实在是数也数不清。还有情节离奇的电影，文史知识性的电视节目，更

不用提沿着当年的西进之路，到处可以看到以路易斯和克拉克命名的城镇道路、河流湖泊、森林公园、大小学校。很多地方都矗立着探险队的雕像，以及萨卡加维亚身背幼儿，遥指西方的塑像。在西进之路上病逝的弗洛伊德班长，是美国第一个在密西西比河以西去世的军人，今天在依阿华州的苏市，耸立着一座一百英尺高的墓碑。人们不禁要问，为什么这段历史这样地吸引着一代又一代的美国人呢？

首先，探险队留下了一部多方面的完整的探险日记，除了两位队长，还有班长、战士都参与其中。他们是在篝火旁，不顾一天极度的劳累，遵照总统的指示，带着历史使命感来完成每天的日记的。虽然几乎所有的人都只是粗通文字，连克拉克都算在内，在他的日记里仅"蚊子"这个词就有19种拼法，但他们还是尽了一切努力去记述沿途发生的各种事情。值得庆幸的是路易斯有极强的写作能力，尽管他也有拼写、语法错误，但其文字鲜活有力，富有感染力，叙事清楚，只可惜有很长的时间段，不见他的日记，原因不详。不管怎样，这些由马驮船载，历尽劫难的日记，为我们提供了最真切的第一手资料，一部活灵活现的探险故事。

其次，这次探险与美国早期发展中最重要的一项活动——西进拓殖开发密切相关，而路易斯和克拉克走在潮流最前列，他们的旅程牵动着千百万人的心。当时美国从最上流社会到最下层的老百姓都盯着西部的土地，那里蕴藏着无限的机遇与挑战，那里有无数人建立家园的梦想。他们的归来在当时成为举国轰动的新闻，过后就成了被写得最多的一段历史。

最后，每个民族都无例外地拥有自己的英雄，人格化的民族精神。每个民族都需要一种源于自己历史的文化认同。

与精美绝伦的欧洲文化相比，无论是凡尔赛宫中辉煌的镜宫，多瑙河畔具有永久魅力的欧洲古典音乐，还是古希腊震撼人心的大理石雕塑，卢浮宫里气势磅礴、呼之欲出的巨幅油画……美国在这些方面简直是一张白纸，被当时的欧洲贵族视为没有文化和历史的一群乡下人。从精神深处，这个看似贫弱的民族需要一种属于自己的精神文化，一种自立于世界民族之林的自信心。

路易斯和克拉克正是这种精神的化身，他们永不言败的男子汉气概和在大漠荒原中生存进取的英雄虎胆，是美国历史、美国精神的充满动感的原生态。美国人仰慕欧洲文化，但决不自卑，他们在新世界的荒野中创造了比旧世界更加美好的生活。他们怎能不为这种民族精神而自豪，怎能不为西部探险的故事深深吸引呢？！

衷心地希望，众多的对于大千世界充满好奇心的读者，在合上这本小书的时候，能够对于美国这个十分遥远而又似乎无所不在的国家，对于美国短暂却充满活力和激变的历史，对其绵延数千里，气象万千的高山大河、瀑布激流、广袤平原，对于美国人所崇尚的开拓进取精神，增加一分认知和一分了解。

路易斯-克拉克小径

主要参考资料

Bergon, Frank , (Edited) *The Journals of Lewis and Clark*, New York: Penguin Books, 2003.

Duncan , Dayton and Burns , Ken, *Lewis & Clark – The Journey of the Corps of Discovery*, New York: Alfred A. Knopf, INC, 1999.

Ambrose , Stephen E., *Undaunted Courage: Meriwether Lewis, Thomas Jefferson and The Opening of the American West,* New York: Touchstone Book, 1997.

Bakeless , John, *Lewis and Clark, Partners in Discovery,* New York: Dover Publications, Inc., 1996.

Appleman, Roy E., *Lewis & Clark, Historic Places Associated with Their Transcontinental Exploration (1804-06),* St Louis, Missouri: United States National Park Service, 1993.

Satterfield, Archie, *The Lewis & Clark Trail,* Harrisburg, PA: Stackpole Books, 1978.

Snyder , Gerald S., *In the Footsteps of Lewis and Clark*, Washington, D.C.: National Geographic Special Publications, 1970.

Holloway, David, *Lewis & Clark, And the Crossing of North America,* New York: Saturday Review Press, 1974.

Moeller, Bill & Jan, *Lewis & Clark, A Photographic Journey,* Missoula, Montana: Mountain Press Publishing Company, 1999.

Schmidt, Thomas, *Guide to the Lewis & Clark Trail,* Washington, D.C.: National Geographic Society, 2002.

Risjord, Norman K.*America, A history of the United States,* New Jersey: Prentice-Hall, Inc., 1988.

Breen, Divine, Williams & Fredrickson, *America, Past and Present,* Glenview, Illinois: Scott, Foresman and Company, 1984.

Viola, Herman J., *Exploring the West,* Washington, D.C.: Smithsonian Books, 1987.

Fisher, Ronald K., *West to the Pacific, The Story of the Lewis and Clark Expedition,* Idaho: Action Printer, 1989.

Clark, Thomas D., *Frontier America: The Story of the Westward Movement,* USA: Charles Scribner's Sons, 1969.

Cavan, Seamus, *Lewis and Clark and the Route to the Pacific,* USA: Chelsea House Publishers, 1991.

Mittleman, Earl N.：《美国地理简介》，（香港）美国大使馆文化处1981年编译出版。
杨会军：《列国志：美国》，社会科学文献出版社2007年版。
何顺果：《美国史通论》，学林出版社2004年版。

http://www.pbs.org/lewisandclark/inside/

http://www.campdubois.com/

http://en.wikipedia.org/wiki/Fort_Mandan

http://www.wikipedia.org/wiki/Louisiana_purchase

http://en.wikipedia.org/wiki/Alexander_Mackenzie_(explorer)

http://en.wikipedia.org/wiki/Napoleon_bonaparte

http://library.thinkquest.org/4034/lasalle.html

http://bluebook.state.or.us/notable/notgray.htm

http://www.lucidcafe.com/library/95oct/jcook.html

http://www.essortment.com/all/captaingeorge_reia.htm

http://lewis-clark.org/content/content-article.asp?ArticleID=2981/

责任编辑：于宏雷

封面设计：红十月工作室

图书在版编目（CIP）数据

超越美利坚——路易斯和克拉克领导的早期西部探险
／段牧云著．－北京：人民出版社，2012.6
ISBN 978-7-01-010601-4

Ⅰ．①超⋯ Ⅱ．①段⋯ Ⅲ．①探险－美国 Ⅳ.①N871.2

中国版本图书馆CIP数据核字(2012)第007790号

超越美利坚
CHAOYUE MEILIJIAN
——路易斯和克拉克领导的早期西部探险

段牧云 著

人民出版社 出版发行

（100706 北京朝阳门内大街166号）

北京海石通印刷有限公司印刷 新华书店经销

2012年6月第1版 2012年6月北京第1次印刷
开本：710毫米×1020毫米 1/16 印张：13
字数：180千字 印数：0,001-8,000册

ISBN 978-7-01-010601-4 定价：45.00元

邮购地址：100706 北京朝阳门内大街166号
人民东方图书销售中心 电话：(010) 65250042 65289539